Prof. Dr. Michael Schrödl

# UNSERE NATUR STIRBT

Prof. Dr. Michael Schrödl

# UNSERE NATUR STIRBT

Warum jährlich bis zu 60.000 Tierarten verschwinden
und das verheerende Auswirkungen hat

Originalausgabe
1. Auflage 2018
Verlag Komplett-Media GmbH
2018, München/Grünwald
www.komplett-media.de
ISBN: 978-3-8312-0478-6
Auch als E-Book erhältlich

Hinweis: Das vorliegende Buch ist sorgfältig erarbeitet worden. Dennoch erfolgen alle Angaben ohne Gewähr. Weder Autor noch Verlag können für eventuelle Nachteile oder Schäden, die aus den im Buch gegebenen Hinweisen resultieren, eine Haftung übernehmen.

Lektorat: Redaktionsbüro Julia Feldbaum, Augsburg
Korrektorat: Redaktionsbüro Diana Napolitano, Augsburg
Umschlaggestaltung: Guter Punkt, München
Satz und Layout: Daniel Förster, Belgern
Druck und Bindung: COULEURS Print & More, Köln
Printed in the EU

# INHALT

Vorwort .......................................... 7

Einleitung ........................................ 9

**Die Natur stirbt!** .............................. 15
Globale Gefahren ................................. 19
Gefahr Klimawandel .............................. 20
Gekippte Welt ................................... 22
Ski und Biologie gut, bei 2 °C plus? .............. 24
Erst stirbt die Natur, dann der Mensch .......... 26
Das übelste Problem unserer Zeit ............... 27
Einfache technische Lösungen für komplexe biologische Probleme? 29
Wir zünden den Tötungsturbo .................... 30
Artenschwund als Chance? ...................... 31
Der biologische Imperativ ....................... 32

**Die biologische Krise** ......................... 35
Biomasse macht's ................................ 36
Artenvielfalt macht's erst recht .................. 37
Auf zum globalen Ökozid! ....................... 39
Biokalypse noch vor 2050! ....................... 42

**Exkurs: Eine kurze Geschichte der Natur** ...... 43

**Das Sterben in Deutschland …** ................ 51
Essbare Solarzellen ............................. 52
Tierisch unbekannte Vielfalt .................... 59
Wundersame Welt der Mikroben ................ 66
Wenn der Lebensraum stirbt .................... 69

**Artensterben global** ........................... 113
Wie viele Arten kennen wir? .................... 114
Wie viele Arten gibt es wirklich? ............... 115
Wo gibt es am meisten Vielfalt? ................ 116

**Dead as a Dodo: Was stirbt wann?** . . . . . . . . . . . . . . . . . 125
20.000 bis 60.000 ausgestorbene Tierarten – pro Jahr? . . . . . . . . 128

**Konsequenzen des Artensterbens?**
**Prädikat: grauenhaft!** . . . . . . . . . . . . . . . . . . . . . . . . . . . . . 131

**Wechselwirkung mit dem Klimawandel** . . . . . . . . . . . . . 135

**Ursachen des Sterbens** . . . . . . . . . . . . . . . . . . . . . . . . . . . 139
Wer ist schuld? . . . . . . . . . . . . . . . . . . . . . . . . . . . . . . . . . . . 140
Artenkiller Nummer eins: konventionelle Landwirtschaft . . . . . . 142
Sargnagel der Artenvielfalt: die gemeinsame Agrarpolitik der EU 143
WIR ALLE sind schuld! . . . . . . . . . . . . . . . . . . . . . . . . . . . . . 146

**Highway to hell: Zeitplan des Untergangs** . . . . . . . . . . 149

**Technik als Weißer Ritter?** . . . . . . . . . . . . . . . . . . . . . . . 153

**Bedeutung der Artenvielfalt** . . . . . . . . . . . . . . . . . . . . . . 159
Finanzieller Schaden . . . . . . . . . . . . . . . . . . . . . . . . . . . . . . 160
Rettungsversuche . . . . . . . . . . . . . . . . . . . . . . . . . . . . . . . . . 163
Fazit . . . . . . . . . . . . . . . . . . . . . . . . . . . . . . . . . . . . . . . . . . 175

**Was tun?** . . . . . . . . . . . . . . . . . . . . . . . . . . . . . . . . . . . . . 177
Retten wir die Artenvielfalt, retten wir die Welt! . . . . . . . . . . . . 179
Die Macht der Emotionen . . . . . . . . . . . . . . . . . . . . . . . . . . . 195
Die globale Bioinventur . . . . . . . . . . . . . . . . . . . . . . . . . . . . 198

**Chroniken des 21. Jahrhunderts** . . . . . . . . . . . . . . . . . . . 201
Der Worst Case . . . . . . . . . . . . . . . . . . . . . . . . . . . . . . . . . . 201
Geht's auch anders? Hier das »2 °C plus Szenario« . . . . . . . . . . . 209
Und bei einem »1,5 °C plus Ziel« für 2100? . . . . . . . . . . . . . . . 210
Jetzt oder nie? . . . . . . . . . . . . . . . . . . . . . . . . . . . . . . . . . . . 212

**2020 bis 2030 – das Jahrzehnt der Entscheidung** . . . . 213
Können Schweine fliegen lernen? . . . . . . . . . . . . . . . . . . . . . . 216
Happy End? . . . . . . . . . . . . . . . . . . . . . . . . . . . . . . . . . . . . . 217

Nachwort . . . . . . . . . . . . . . . . . . . . . . . . . . . . . . . . . . . . . . 219
Danksagung . . . . . . . . . . . . . . . . . . . . . . . . . . . . . . . . . . . . 221
Über den Autor . . . . . . . . . . . . . . . . . . . . . . . . . . . . . . . . . . 222
Quellen- und Literaturhinweise . . . . . . . . . . . . . . . . . . . . . . . 223

# VORWORT

Haben Sie Kinder? Selbst wenn nicht, sollten Sie die biologische Krise ernst nehmen. Sie ist weit mehr als die Klimakrise, sie kommt schneller und heftiger.

Die Natur stirbt gerade, daran besteht kein Zweifel. Bestimmt bemerken Sie es schon, Schmetterlinge, Vögel, Wildtiere, Groß und Klein werden immer weniger, verschwinden. Pech für ein paar Tierchen? Launen der Evolution? Unser gutes Recht als Menschen, die Welt nach unseren Vorstellungen zu gestalten?

Das gesamte Ausmaß der Tragödie erkennen bisher nur wenige: Die biologische Vielfalt, unsere Lebensgrundlage, sie stirbt überall, an Land und im Wasser. Und sie stirbt immer schneller. Mit üblen Konsequenzen für uns alle, für die gesamte Menschheit. Auch daran besteht kein Zweifel: Wir ganz normalen Menschen mit unserem »normalen Leben« sind Ursache des bisher schlimmsten Sterbens der Erdgeschichte. Und, das ist die gute Nachricht: Mit entschlossenen Änderungen unserer Vorlieben und Gewohnheiten könnten wir die biologische Krise auch abmildern. Doch das Zeitfenster schließt sich rasch. Wenn es bei einem »Weiter so« bleibt, ist es mit unserem guten Leben wohl schon in ein bis zwei Jahrzehnten für immer vorbei. Und das träfe nicht nur Ihre Kinder, sondern wohl auch noch Sie – mit voller Wucht!

Dieses Buch ist nichts für allzu sensible Gemüter! Wir steuern in voller Fahrt auf eine »Biokalypse« zu. Und stirbt unsere

Natur, überleben wir das nicht. Sie nicht und ich auch nicht. Wie reagieren, was also tun? Angst, Verzweiflung und ohnmächtige Wut wären verständlich, bringen aber weder Ihnen noch der Vielfalt des Lebens etwas. Gemeinsamer, lautstarker Protest und entschlossene, mutige Maßnahmen zum Schutz der Natur schon!

Retten wir die Natur, retten wir die Welt, retten wir die Zukunft unserer Kinder!

Michael Schrödl
München, im Sommer 2018

# EINLEITUNG

M ein grundsätzlich lebensfroher Opa hat mir oft von der schlechten Zeit nach den Kriegen erzählt. Natürlich wollte ich das nicht wirklich hören. Aber ein paar Geschichten habe ich mir trotzdem gemerkt: Er wuchs als jüngstes von zehn Kindern auf einem kleinen Bauernhof nördlich von München auf. Da, wo die Schotterebene der Eiszeiten in die hügelige Tertiärlandschaft übergeht und sich heute auf der A9 täglich Zehntausende Fahrzeuge stauen. Sein Vater war ausgezehrt und krank und tat, was er konnte, doch es reichte nicht. Essen war immer knapp, aber eines Tages verhungerte sogar der klapperdürre Hofhund.

Damals, mit 14 Jahren, beschloss mein Opa, hinaus in die Welt zu ziehen, etwas zu lernen und der bitteren Not zu entkommen. Er ging zu Fuß bis ins Rheinland, lernte, was es als Zimmerer und Maurer zu lernen gab und verdingte sich als Wirtschaftsmigrant auf Baustellen. Als er von seiner Walz zurückkam, sprach er ein paar Brocken Französisch, konnte von seiner Arbeit als Baupolier leben und gründete eine Familie. Damals die normalste Sache der Welt. Und auch heute, nur dass niemand mehr in Europa verhungern muss, Bildung und Wissen allgemein verfügbar sind, Fernreisen bezahlbar sind, karrierebewusste Auszubildende gern bei internationalen Großkonzernen anfangen und Studierende in den USA oder Australien ihre Erfahrungen sammeln. Wir haben uns an Wohlstand, Freiheit und vielerlei Wahlmöglichkeiten gewöhnt.

Diese Normalität ändert sich gerade. Die Weltordnung gerät zusehends aus den Fugen. Zwar gibt es Fortschritte im Kampf gegen den Welthunger, doch die Weltbevölkerung, vielerlei Umweltprobleme und auch die Unruhen nehmen zu. Extremismus, Fanatismus und auch Fatalismus sind scheinbare Auswege aus echten und gefühlten Missständen nicht nur in den armen Ländern. Autokraten, Nationalisten, Ultraegoisten in vielerlei skurrilen Erscheinungsformen sollen es richten und setzen sich und ihr Gedankengut fest. Das Recht des Stärkeren wurde wieder salonfähig. Wer kann, der kann, und er wäre ja dumm, wenn er es nicht ausnützen würde, nicht wahr? Kleine Nebenwirkung allzu großer Egos: Rücksichtsloses Durchsetzen kurzfristiger Eigeninteressen samt Plünderung des Planeten führt unweigerlich in ein ökologisches und humanitäres Desaster. Wieso sehen das so viele nicht, sind wir blind? Oder doof?

Wir Wissenschaftler wissen es längst, die einst wunderbare Vielfalt des Lebens stirbt, nur interessierte das weder Medien noch sonst wen. Aber ja, seit 2017 ist die Katze auch medial aus dem Sack: Bienen sterben, Insekten sterben, Arten sterben. Wir verbrauchen und vergiften die Natur. Damit gehen Bestäuber, Bodenfruchtbarkeit und natürliche Medikamente verloren sowie Nahrung für Nutztiere, saubere Luft und Trinkwasser und sämtliche lebenswichtige Ökosystemfunktionen. Wer denkt, dass das gut sein oder auf Dauer gut gehen kann? Wenn bald nichts mehr wächst, habe ich nichts mehr zu essen. Logisch, oder?

Lerneffekt? Gleich null!

Dieselskandal? Was ist das? VW verbuchte 2017 Rekordgewinne. FIFA-Korruptionen? Fußball ist einfach zu schön. Olympia auch: Wen scheren da schon über hunderttausend im Naturschutzgebiet für Pisten gefällte Bäume in Südkorea?

Aber Flüchtlinge, das sind doch alles Kriminelle! Nein, die Kriminalität sinkt laufend, seit 1992 war Deutschland nicht mehr so sicher wie heute. Trumps fiese Twitterei von zehn Prozent steigender Kriminalität in Deutschland waren Fake News, und doch erreichen sie die, die genau so etwas glauben wollen. Sogar für junge Männer gilt: kein Unterschied in der Kriminalitätsrate zwischen Flüchtlingen und Deutschen. Flüchtlinge überschwemmen uns? In Wahrheit geht die Zahl der Flüchtlinge stark zurück und erreicht die »Obergrenze« nicht mehr. Egal, wen interessiert das alles? Macht endlich die Grenzen dicht!

Der Zweck dieses ganzen Theaters: Unsere allerwichtigsten Bedürfnisse werden scheinbar befriedigt: Unterhaltung, Intrigen, Drama sowie das Gefühl (!) von Schutz und Sicherheit, Geld und Macht.

Was also tun in unsicher erlebten Zeiten?

Schneller Konsum! Wer hat, zeigt es zunehmend, wer kann, auch, und wer nicht, muss halt so tun, als ob. Wie sonst sind ständig steigende PS-Zahlen der Neuwagen zu erklären? Fast 30 Prozent SUV-Anteil bei den Neuzulassungen: Niemand kann mehr ernsthaft glauben, dass die Boliden sparsam sind, Grenzwerte einhalten, der Umwelt guttun. Niemand kann glauben, dass immer mehr Verschmutzung, immer mehr Umweltzerstörung, immer mehr materielles Wachstum auf einem Planeten mit endlichen Ressourcen gute Ideen für uns und unsere Zukunft sind. Oder etwa doch?

Ob reich oder arm, gebildet oder nicht. Zu viele von uns lassen sich leiten von Gier oder von vagen Ängsten, von zündelnder Politik und Massenmedien oder von blankem Egoismus zulasten anderer. Falls Unmut entsteht, wird er flugs gewinnbringend umgeleitet: Weg von echten Missständen wie der himmelschreienden globalen Ungerechtigkeit, weg von echten Gefahren wie dem heranrasenden ökologischen und humanitären Super-GAU, weg von echten Übeltätern wie Autobahndränglern, Giftspritzern und allzu gierigen und rücksichtslosen

Ausbeutern. Hin zu Asyl, Terrorismus und all den anderen gefühlten Bedrohungen. Argumente, Vernunft und Fakten bleiben außen vor.

Im Kleinen ist es die verhärtende Einstellung gegen Andersdenkende oder die viel zitierte »Google-Blase«, die wir kaum je bemerken. Im Großen ist es die politisch zelebrierte Renaissance der Heimat, der eigenen Sprache, der Religion. Auch des Nationalismus, der militärischen Macht und der starken Männer, die das schon richten werden. Was genau? Die hemmungslose Durchsetzung eigener Interessen. Eigene Stärke wird auf Kosten anderer demonstriert, Schwache werden noch schwächer gemacht, Menschenrechte mit Füßen getreten. Unsere kollektive Angst wird ausgenutzt. Wir, die wir so viel besitzen, mehr Geld, Sicherheit und Freiheit als jemals zuvor in der Menschheitsgeschichte, fürchten Verluste, sozialen Abstieg, den Anspruch einer immer schnelleren, erschöpfenderen, globalisierten Zeit. Wir wollen beschützt werden. Dafür sind uns viele Mittel recht. Abgrenzung, Mauern und Zäune sollen es richten – werden es aber nicht.

Dieses Buch handelt von der einen Umwelt, in der wir alle leben, egal wo. Es handelt von der einen Natur, von der wir alle leben, egal ob arm oder reich. Es handelt davon, wie alles mit allem zusammenhängt in Ökologie und Ökonomie, und von der Art und Weise, wie wir gerade durch unsere Lebensweise einen Großteil allen höheren Lebens auf unserem Planeten vernichten. Einschließlich unserem eigenen.

Ich bin viel gereist, bin wie mein Opa grundsätzlich optimistisch, und ich sehe schon noch Möglichkeiten, die Welt, wie wir sie kennen, zumindest in ihren Grundzügen zu retten. Gute Informationen ermöglichen richtige Entscheidungen und zukunftstaugliche Prioritäten in Gesellschaft, Politik und Wirtschaft. Aber was tun, wenn weiterhin Egoismus, Werbung und Kommerz die Meinung dominieren, schlichte Wahrheiten gebeugt, ignoriert oder frech nach Belieben umgedeutet werden? Was, wenn sich weiterhin viel zu wenig tut? Wenn sich die, die etwas bewegen könnten, nicht bewegen wollen?

Der Wandel fängt in und bei uns selbst an. Die Umweltprobleme, insbesondere die biologische Krise, erfordern ein rasches Umdenken, ein entschlossenes »Umhandeln« von uns allen.

Zusammen mit Dr. Vreni Häussermann habe ich im Vorgängerbuch »Biodiversitot« (www.biodiversitot.de) ausführlich geschildert, was wo und wie schiefläuft, was man auch als Einzelner konkret und sofort tun kann und woran es liegt, wenn noch viel zu wenig getan wird. Es gab viele positive Reaktionen, und etliche LeserInnen verhalten sich nun bewusster. Darüber freuen wir uns sehr! Mögen wir mit Büchern und Vorträgen Hunderte, vielleicht sogar Tausende angeregt haben, sich zu verändern. Wie aber Millionen oder gar Milliarden von Menschen erreichen, überzeugen und verändern? Darunter natürlich auch viele, die Umweltschutz als mäßig sinnvoll, eigene Beiträge als sekundär bedeutsam und das Heer der noch vorhandenen Tierarten bestenfalls als nicht lästig empfinden?

Ich musste erkennen, dass sich die meisten Menschen wohl nur ändern, wenn es an ihre eigene Existenz geht. Dass sie nur Neues wagen, nur Missstände bekämpfen, wenn zumindest der Hofhund verhungert – direkt vor der eigenen Nase.

Bitte sehr, mit existenziellen Problemen kann die biologische Krise, das große Sterben leider wirklich dienen. Einiges findet bereits direkt vor unserer Nase statt, anderes ist nicht so offensichtlich – noch nicht! Dieses Buch ist eine eindringliche Warnung vor der »Biokalypse«, die uns und alles, was uns lieb ist, auslöscht, und zwar recht bald, wenn wir nicht alle schleunigst und entschlossen etwas dagegen tun!

Naturschutz ist Menschenschutz!

# DIE NATUR STIRBT!

B ienensterben, Insektensterben, Artensterben! Die wunderbare Vielfalt des Lebens ist bedroht, überall. Artenreiche Lebensräume wie tropische Wälder und Korallenriffe schwinden dahin.

Das ist nicht nur schlecht für das üppige irdische Leben, das sich über die letzten 3,5 Milliarden Jahre entwickeln konnte, sondern insbesondere für große, übermäßig häufige Säugetiere mit riesigem Bedarf an Wasser, Nahrung und Naturstoffen – uns!

Wir Menschen verbrauchen bereits viel mehr Ressourcen, als zur Verfügung stehen, überfischen und vergiften die Ozeane, verbauen und veröden riesige Landflächen, verpesten und zerstören ehemals fruchtbare Böden durch intensive Landwirtschaft. All das unter ungeheurem Energieeinsatz und enormem Schadstoffausstoß. Mit immer weiter steigender Tendenz: Der Nahrungsmittelverbrauch steigt weiter. Der Bedarf an Kunstdünger und Spritzmitteln steigt weiter. Der globale Fleischkonsum steigt weiter. Der Landverbrauch steigt weiter. Der Wasserverbrauch steigt weiter. Die Produktion von Plastik steigt weiter. Die Industrieproduktion steigt weiter. Der Energieverbrauch steigt weiter. Die Emissionen von Kohlendioxid ($CO_2$) und anderen Klimagasen steigen kräftig weiter. 280 Teile $CO_2$ pro Million (ppm) Luftteilchen waren früher in der Atmosphäre, nun sind wir schon bei über 400 ppm! Und es ist kein

Ende des $CO_2$-Anstiegs in Sicht. Auch andere Klimagase wie Methan und Lachgas steigen ungebremst weiter! Natürlich steigen der Treibhauseffekt und damit die globale Temperatur weiter. Eisschilde und Gletscher schmelzen, die Meere steigen weiter. Die Versauerung der Ozeane, eine noch wenig bekannte, aber äußerst bösartige Gefahr für Korallenriffe und sämtliche Lebensgemeinschaften im Meer, steigt weiter. Die Zahl und Ausdehnung sauerstofffreier »Todeszonen« in den Meeren steigen weiter. Der Aufwand für die globale Fischerei, für Rohstoffe und für die Landwirtschaft steigt weiter.

Wir wollen und brauchen immer mehr, verbrauchen immer mehr. Doch die Natur geht zurück: Unbelebte und belebte Ressourcen, Süßwasserreserven, fruchtbare Böden, Wälder schwinden. Fische im Ozean, die Erträge der Meeresfischerei, die Biomasse von Großtieren und Insekten an Land schwinden. Die Biomasse schwindet. Arten schwinden. So lange, bis nichts mehr da ist und ökologische Systeme kollabieren. Dann zieht der Ressourcenhunger weiter, beutet andere Systeme aus, bis auch sie erschöpft sind. Bis schließlich auch mit immer höherem Aufwand und moderner Technik nichts mehr geht. Wann mag das Ende der Planetenplünderung erreicht sein?

Genau das testen wir gerade aus. Wir Menschen testen gerade die Grenzen des Wachstums. Die Grenzen des irdischen Ressourcen- und Energieverbrauchs. Die Grenzen der globalen Verschmutzung und Vergiftung. Wir testen, wie viel Nahrungsmittel und Fleisch wir unter immer höherem Aufwand und auf Kosten immer höherer Umweltverschmutzung produzieren können. Wir spritzen die Äcker, zehren die Böden aus und produzieren Hochleistungspflanzen, nicht mehr direkt für unsere eigene Ernährung, sondern hauptsächlich schon für sogenannten »Biosprit« und als Futtermittel für unzählige Schweine-, Hühner- und Fischfarmen. Wir mästen damit Hochleistungskühe, arme Geschöpfe reduziert zu Milchmaschinen, und erhöhen stetig die Zahl der wiederkäuenden und Methan produzierenden Nutztiere – auf momentan bereits über drei Milliarden Fleisch- und Milchtiere. Wir klagen über 800 Millionen unterernährte Menschen und nutzen doch nur die Hälfte der für Menschen produzierten Lebensmittel; der Rest vergammelt schon bei der Produktion, beim Transport, in den Supermärkten oder Restaurants – oder in unseren Kühlschränken, und dann werfen wir das verfaulte Zeug halt weg.

Überfluss und Profite für die einen, Hunger und bitterste Armut für die anderen. Beides auf Kosten der Wälder, der Wildnis und der Vielfalt des Lebens. Und wir vermehren uns rasant, reizen Technik, fossile Energien und natürliche Ressourcen aus, sind unwissend oder überheblich genug, um die Grenzen der kurzfristigen Belastbarkeit der Natur zu ignorieren. Viele Wissenschaftler, Abertausende Wissenschaftler aus aller Welt haben uns eindringlich gewarnt, vor 25 Jahren schon und nun erneut (Abbildung 1). Die Diagnose: Wir haben diese Belastbarkeitsgrenzen längst überschritten. Leben jetzt schon auf Pump. Sind als Menschheit im Minus, als Zivilisation bankrott, als Lebensentwurf pleite. Sind als Experiment mit Ausnahme der Bekämpfung des Ozonlochs gescheitert und landen wohl sehr bald auf der blutigen Nase.

Schaut jetzt schon alles andere als gut aus? Stimmt. Doch die menschliche Bevölkerung steigt munter weiter. Auf zehn oder wohl eher elf Milliarden Menschen bis zum Jahr 2100. Falls sich die Zunahmerate des Bevölkerungswachstums weiter verringert und nichts ganz Übles dazwischenkommt.

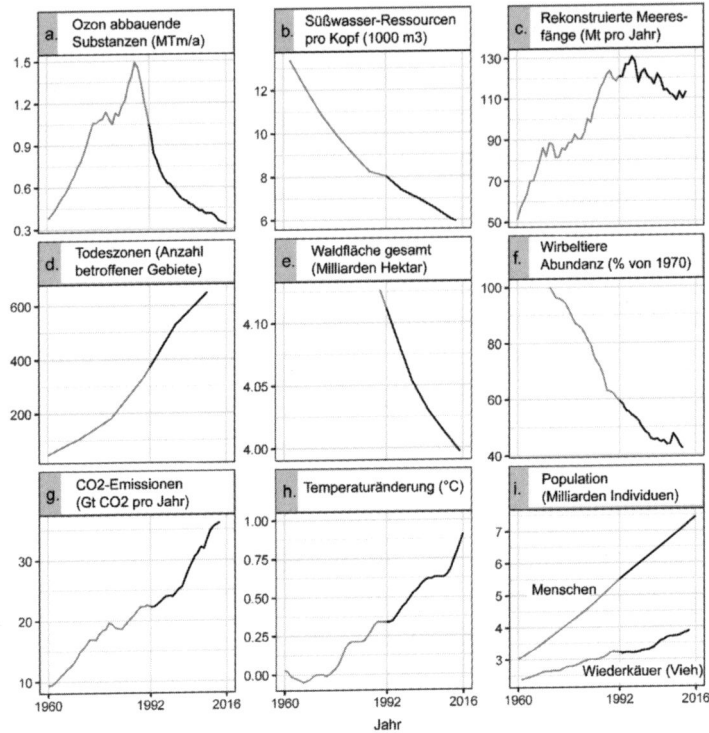

**Abbildung 1:** Kein Fake, kein Scherz, kein Irrtum. Wir Menschen plündern, vergiften, töten, heizen auf und vermehren uns – bis uns unser Planet um die Ohren fliegt. Abgesehen vom Ozonloch (a) verschlechtern sich alle der bereits 1992 in der »Warnung der Wissenschaftler der Welt an die Menschheit« als bedenklich erachteten Faktoren. 2017 veröffentlichte Bill Ripple zusammen mit über 15.000 (!) Wissenschaftlern aus 184 Ländern die »Zweite Warnung« (Ripple et al. 2017). Im Text wird auch eindringlich vor der biologischen Krise gewarnt. Deutsche Version mit Erklärung der Abbildungen siehe http://scientists.forestry.oregonstate.edu/sites/ sw/files/Warnung_der_Wissenschaftler_der_Welt_an_die_Menschheit_final.pdf.

# Globale Gefahren

Was ganz Übles? Bei globalen Katastrophen denken viele spontan an Killerasteroiden auf Kollisionskurs, den Ausbruch von Supervulkanen oder verheerende Virenepidemien à la Ebola. Aber, bitte schön, bloß keine Panik: Kosmische Einschläge sind nicht in Sicht, Supervulkane brechen nur alle paar Millionen Jahre aus, und mit schnell voranschreitender Gentechnik in Zehntausenden von ordentlich ausgestatteten Forschungslabors dürften die Möglichkeiten zur raschen Herstellung von Impfstoffen gegen alte und neue Erreger zunehmend besser werden.

Leider standen die Chancen auf nukleare Katastrophen wohl auch selten besser als heute – es gibt immer mehr zivile Reaktoren, und die bekannte Atomkriegs-Uhr steht auf zwei vor zwölf! Ja, Raketen-Kim, Rüpel-Donald und Rambo-Vlad wollen sich auf einmal nicht mehr gegenseitig auf den Mond bomben, sondern sind jetzt ziemlich beste Kumpel. Fragt man sich, wie lange: Zunehmende Konflikte von immer mehr Menschen bei begrenzten Ressourcen und immer schlechteren Umwelt- und Lebensbedingungen erhöhen die globalen Risiken von Konflikten und Kriegen weiter.

Und danach sieht es nun mal aus: Steigende Temperaturen und Meeresspiegel, schlechtere Böden und immer heftigere Wetterkapriolen werden die Lebensqualität für Milliarden von Menschen dramatisch verschlechtern und damit zum Risiko für die sowie schon strapazierte Weltordnung. Lebensraum und Wasser werden knapp, Wüsten dehnen sich aus, Hunger wird mittelfristig wohl wieder zunehmen – und dann wird es Not, Elend und Migrationsströme in nie gekanntem Ausmaß geben. Kriege wohl auch. Die gibt es im Kampf um Ressourcen ja schon längst. Ein globaler Atomkrieg wäre schlecht für alle, und riesige Atombomben vernichten, was man gern erobern möchte. Also werden derzeit kleine taktische Atomwaffen entwickelt; natürlich nur aus Freude an der Technik und keinesfalls, um sie später auch gezielt offensiv einzusetzen. Hoffen wir mal, dass die neuen Freundschaften der ach so starken Männer anhalten und der nervöse Abschussfinger nicht doch mal zuckt.

## Gefahr Klimawandel

Und, ja klar, nach über 20-jährigem Kampf Tausender Klimaforscher wird endlich auch der Klimawandel als eigenständige globale Bedrohung gesehen. Jedenfalls von allen halbwegs vernünftigen und nicht durch eigene Interessen verblendeten Entscheidern. Endlich, nach langem, zähem Gerangel hatte sich die Welt in den Pariser Klimaverträgen im Herbst 2015 geeinigt. Auf ein gerade noch beherrschbares Szenario von einer Temperaturerhöhung von unter 2 °C im Vergleich zur vorindustriellen Zeit. Etwa zwei Drittel aller schon bekannten fossilen Brennstoffe sollten dafür erst einmal im Boden bleiben, und stattdessen sollte massiv umgerüstet werden auf regenerative Energiequellen. Gott sei Dank, erstmals ein Plan! Doch der allein wird der Menschheit wenig nützen:

Erstens ist das »2 °C plus Szenario« alles andere als harmlos: Mit dieser Obergrenze hofft man, globale Katastrophen zu verhindern. Sicher ist das nicht. Zudem beziehen sich die 2 °C auf die globale Durchschnittstemperatur im Vergleich zur vorindustriellen Zeit; in höheren geografischen Breiten und Gebirgen wird die Temperaturerhöhung deutlich höher ausfallen, wie man jetzt schon messen kann. Mit steigenden Meerestemperaturen, schmelzenden Gletschern und Polkappen und veränderten Verdunstungsraten und Niederschlagsmengen werden sich auch bei »nur 2 °C plus« ganze Meeresströmungen und damit das Klima, die Land- und Forstwirtschaft und die Lebensbedingungen riesiger Regionen ändern. Sie tun es ja jetzt schon, bei erst etwa 1 °C plus. Die Dürre im deutschen Jahrhundertsommer 2018 ist nur ein zartes Vorspiel der immer häufiger zu erwartenden Wetterkatastrophen, bei uns und anderswo. Hurrikane werden in Zukunft viel extremer ausfallen und in bisher nicht betroffene Gebiete vordringen. Eine für das Jahr 2100 vorhergesagte Meeresspiegelerhöhung von etwa einem Meter wird ganze Inselreiche wie Kiribati oder die Malediven sowie sämtliche andere Atolle in den Fluten versinken lassen. Die Niederländer und die Norddeutschen werden ihre Küsten durch Deiche, Bollwerke und Pumpen zu schützen wissen. Andere Tiefländer wie Bangladesch, die ihre Küsten wohl nicht befestigen können, werden gnadenlos versinken. Weltweite Sandstrände, Mangrovenzonen und Flussmündungen mit Tausenden von Küstenstädten werden massiv betroffen und entweder kostspielig verbaut oder zerstört und unbewohnbar werden. Hunderte Millionen Menschen werden allein von der Erhöhung des Meeresspiegels betroffen sein, was wohl meist Verlust von Haus, Heimat und Existenz bedeuten dürfte; und das bei »nur 2 °C plus« bis zum Jahr 2100.

Zweitens erfordert schon das globale »2 °C plus Ziel« rasche, globale und massive Maßnahmen gegen den Verbrauch fossiler Energien. Deutschland etwa, der selbst ernannte Klimakönig, erreichte seine eigenen $CO_2$-Reduktionsziele für 2016 nicht, für 2017 erst recht nicht und verfehlt sie jedes weitere Jahr immer deutlicher. Unter dem Druck der Kohleverstromer, der Diesellobby und der Industrieschutzminister knickte die einstige Klimakanzlerin Merkel ein und kassierte die eigenen $CO_2$-Ziele für 2020. Ob andere Länder schaffen, was dem reichen Deutschland nicht gelingt? Ob sich das ehrgeizige »2 °C plus Ziel« denn erreichen ließe, wenn man es ernsthaft versuchte?

Danach schaut es derzeit nicht aus. Eher nach 4 °C plus, oder sogar 6 °C plus, global. Das wäre fatal, denn dann würden sogenannte Kipppunkte erreicht werden: Die Eisschilde der Westantarktis und Grönlands würden recht flott und quasi komplett abschmelzen und die Ozeane jeweils um sechs Meter zusätzlich ansteigen lassen. Ein Horrorszenario für Milliarden Menschen! Etwa 80 Prozent der Menschheit lebt in Küstennähe, damit wäre es dann vorbei!

## Gekippte Welt

Glauben Sie nicht, dass es so weit kommen könnte? Nun ja, Grönland und die Antarktische Halbinsel sind ja jetzt schon bei den Spitzenreitern in Sachen Klimaerwärmung. Riesige Gletscher und Schelfeisfelder lösen sich zu Wasserlachen auf, werden im Nu zu einer fiebrigen Pfützenlandschaft, die aussieht, als wäre sie von Hitzeviren infiziert. Haben Sie schon einmal in der Sommerhitze ein Eis am Stiel bestellt, das urplötzlich überall gleichzeitig unkontrollierbar zu schmelzen begann? Erst war noch alles schön festgefroren, doch dann gab es kein Halten mehr?

Vielleicht schon bei 2 °C plus, ziemlich sicher aber bei 4 °C plus und darüber würden die Permafrostböden Sibiriens auftauen. Gewaltige Mengen an organischen Stoffen wurden hier über Jahrtausende von Pflanzen gebildet, gigantische Mengen an $CO_2$ als Humus und Torf gespeichert und im sauren gefrorenen Boden nicht durch Bakterien abgebaut. Taut der Boden, werden Bakterien aktiv und immer mehr Methan und andere Klimagase würden rasch freigesetzt. Sie würden den globalen Temperaturanstieg nicht nur weiter befeuern, sondern wohl auch unumkehrbar machen. Schreckensbilder einer fernen ungewissen Zukunft? Von wegen. Sibirien taut jetzt schon auf.

Haben Sie schon einmal von Methanhydrat gehört? Das ist mit Wasser unter hohem Druck zu eisähnlichen Klumpen gefrorenes Methan, es säumt die Tiefseehänge der Kontinente. Werden die Meere wärmer, tauen riesigen Mengen der im Meeresboden eingebundenen Methanhydrate. Das Methan, ein viel stärkeres Treibhausgas als $CO_2$, blubbert zur Oberfläche und wird in der Atmosphäre zum endgültigen Kippen des Weltklimas führen. Haltlose Horrorvisionen? In flachen arktischen Gewässern taut das Methanhydrat bereits heute. Wehe, wenn das Tauwetter am Meeresboden zunimmt!

Stürme, Dürren, Fluten, ständige und immer üblere Naturkatastrophen drohen nicht nur, sie sind Realität. Das will zwar von den politisch Verantwortlichen niemand hören, aber leider zeigen das die Statistiken der großen Rückversicherer bereits klar und deutlich. Ein Klima-Anpass-Experte empfahl kürzlich Olivenhaine für das ausgedorrte Brandenburg. Was er wohl anstatt brennender Moore in England, anstatt brennender Wälder von Alaska über Kanada, Skandinavien bis ins hinterste Sibirien empfiehlt? Eisdielen für Eskimos, Miniröckchen für Schotten und mehr Freibäder in der Tundra und Taiga? Und was pflanzen wir anstatt der brennenden Wälder um das Mittelmeer? Lustige Sanddünen zum Skifahren? Und sicherlich käme es nicht nur in einer noch viel wärmeren Welt als heute sehr bald auch zu Verteilungskämpfen und Konflikten ums nackte Überleben. Noch nicht bei uns, in Europa oder gar im stabil brummenden Wachstumsmotor Deutschland, aber bereits in vielen immer trockeneren und heißeren Gebieten der Erde.

Wenn Sie bitte irgendetwas aus der Lektüre dieses Buches mitnehmen, dann das: Das mit dem Anpassen an eine durchschnittlich 4 bis 6 °C heißere Welt wird nichts! In so einem Backofen möchten und könnten ich oder Sie nicht leben. Die Klimaanlagen hochdrehen hilft nichts, denn Infrastruktur und

Komfort gibt es dann nicht mehr. Jedenfalls nicht für mich oder
Sie – falls Sie nicht mit ein paar Multimillionären in exklusiven
und militarisierten Bunkern auf das Ende des Albtraums harren,
das aber nicht so schnell kommen wird. In einer solch apokalyp-
tisch heißen, rapide und völlig veränderten Welt mit Milliarden
von Notleidenden, Besitzlosen und ihrer Heimat Entwurzelten
können sich vielleicht ein paar Menschen unter höchstem Aufwand für eine Weile retten. Aber es könnten keine sieben oder
zehn Milliarden Menschen überleben, keine zivilisierte Menschheit überdauern. Uns allen muss klar sein oder endlich klar werden, dass die Klimaoption »weiter so« keine Option ist!

Drittens beeinflusst der Klimawandel auch biologische Systeme – und an die hatte bisher kaum jemand gedacht. Mehr als
4 °C plus in kurzer Zeit, und die Wälder und Riffe sterben überall großflächig ab. Was das bedeutet? Aus die Maus, Schluss mit
lustig, Endstation für die Zivilisation! Da brauchen wir gar
nicht lange um den heißen Brei herumreden. Aber wie sieht
es bei »nur« 2 °C plus mit den Lebewesen und ihren Lebensgemeinschaften aus?

## Ski und Biologie gut bei 2 °C plus?

Weniger Schneeschippen im Winter, angenehmes Badewetter
im Sommer, eine noch etwas frühere Apfelblüte, also alles bestens? Von wegen! Das von Klimaforschern gerade noch tole-
rierbare »2 °C plus Szenario« für 2100 hat es biologisch in sich.
Die Welt ändert sich, die Lebensbedingungen für Organismen
ändern sich an Land und in den Ozeanen. Alle Lebewesen sind
evolutiv an bestimmte Umweltbedingungen angepasst, bewoh-
nen einen für sie passenden Lebensraum. Ändert sich dieser,
etwa weil es wärmer wird, wird das ertragen, es wird ausgewan-
dert in kältere Gebiete oder gestorben.

Wenn die arktische Eiskappe schmilzt, sie hat sich eh schon auf etwa die Hälfte reduziert, war's das wohl mit den süßen Eisbärchen. Schlimm? Ja, definitiv. Und was passiert derweil mit artenreichen Korallenriffen, dem Meeresplankton, den Bewohnern der Tiefsee, der Regenwälder, der Blumenwiesen, Äcker und Böden? Kaum jemand weiß bisher Bescheid. Was ändert sich in der Flora und Fauna Deutschlands, Europas und der Welt? Und was sind die Konsequenzen für uns Menschen? Genau davon handelt dieses Buch.

Womöglich kann die Zivilisation mit einer gerösteten Erde gemäß des »2 °C plus Ziels« noch irgendwie umgehen? Womöglich werden aber die Kipppunkte auch mit einem »2 °C plus Ziel« schon erreicht? Das kann niemand ausschließen. Wenn wir es zweifelsfrei feststellen, wird es zu spät für die Menschheit sein. Womöglich ergeben sich selbst beim »2 °C plus Ziel«, an das kaum jemand mehr glauben mag, schon ganz andere Komplikationen, mit denen die chemisch-physikalischen Modelle nicht gerechnet haben?

Ja, die wird es geben. Diese anderen Komplikationen sind biologischer Natur. Die Biologie, die Lebensformen samt ihrer Ökosysteme, drohen zu kippen, die belebte Natur stirbt. Der Mensch dann auch.

## Erst stirbt die Natur, dann der Mensch

Und zwar sehenden Auges, durch unsere eigene Dummheit! Kennen Sie die Krimis, in denen arme, planlose Opfer trotz vielerlei Zeichen und Warnungen scheinbar wie ferngesteuert in immer düstere Winkel vordringen und ihre Chance auf Rettung mit jedem Schritt und jeder Entscheidung immer weiter verschlechtern – bis zum bitteren Ende? Angst, Panik, irgendwie erscheint uns die fatale Verkettung schlechter Entscheidungen verständlich, wir fühlen mit.

> »Ein moderner Diesel reinigt sozusagen die Luft.«
>
> *nach VW-Entwicklungschef Ulrich Eichhorn*

Was wir Menschen derzeit mit unserem Planeten anstellen, ist aber kein Krimi, nicht einmal tragisch oder komisch, sondern eher eine geschmacklose Soap aus dem Nachmittagsprogramm der Privatsender. Wenn uns Außerirdische beobachten könnten, sie unseren schlechten Film »Menschheit im 21. Jahrhundert« ansehen müssten, ihnen würden die Chips nicht mehr schmecken. So billig und doof erschiene ihnen das, was sie anschauen müssten. Sie würden ungläubig ihre Köpfe schütteln, falls sie welche haben, und sich fassungslos fragen: »Nicht mal die Menschen können so viel über so lange Zeit immer wieder noch falscher machen, oder?«

Die »gute« Nachricht: Diesen Film wird es in der ursprünglich geplanten Länge nicht geben. Egal ob »2 °C plus Ziel« oder »4 °C plus Ziel«, das Jahr 2100 ist für unsere Zivilisation nicht relevant. Es wird ein Kurzfilm werden.

Die schlechte Nachricht: Es ist kein Film, keine Realitysoap, alles ist echt. Die belebte Natur, die Land-, Forst- und Fischereiwirtschaft, die Versorgung mit Wasser und Lebensmitteln, mit Lebensraum und menschenwürdigen Lebensbedingungen, ja, auch die Weltwirtschaft und die politischen Systeme fliegen uns schon viel früher um die Ohren: etwa im Jahr 2050 bei einem »2 °C plus Ziel« nach Pariser Abkommen und planmäßigem Umstieg auf nachhaltiges Wirtschaften. Und wohl schon um 2030 herum, wenn wir weitermachen, wie bisher. Das war's dann mit uns, unseren Kindern, unseren Freunden und unseren Träumen.

Glauben Sie nicht? Dann »viel Spaß« bei der weiteren Lektüre. Wollen Sie nicht glauben? Ich auch nicht, aber lesen und urteilen Sie selbst.

Noch eine schlechte Nachricht: Es gibt kein Zurück. Biologische Systeme regenerieren sich gar nicht oder nur sehr langsam. Tot ist tot. Ausgestorben bleibt ausgestorben. Und verlorene Ökosystemleistungen bleiben verloren.

## Das übelste Problem unserer Zeit

Ökosystemleistungen? Das bedeutet, dass die Gemeinschaften aus Tieren, Pflanzen und Mikroben funktionieren, also etwa gesunde Meere, Wälder oder Wiesen Sauerstoff, Wasser und Nahrung liefern. Unsere Lebensgrundlage. Wir zerstören sie gerade – schnell, gründlich und endgültig.

Warum bemerken wir das noch nicht? Natürliche Systeme sind oft sehr komplex und funktionieren weiter, auch wenn ein paar Bienchen und Blümchen ausfallen. Fehlt etwa ein Element des Nahrungsnetzes, eine Meeresalge, ein spezielles Gras oder eine bunte Heuschrecke, fällt es vielleicht den Biologen oder Naturliebhabern auf, aber es gibt noch genug Ersatz, andere Arten übernehmen die Aufgabe, wenn auch meist nicht ganz. Fehlt ein Mosaiksteinchen, stört es den geübten Betrachter bereits, aber man erkennt das Bild trotzdem noch. Fehlen zu viele Steine, wird es schwierig. Funktion, Sinn und Identität des Kunstwerkes gehen unwiederbringlich verloren. Wir alle bemerken: Die Windschutzscheiben bleiben auch bei langen Fahrten über Land sauber. Es fehlen schon viel zu viele Insekten. Es fehlt Nahrung für Insekten, und es fehlen Insektenfresser. Die Natur verarmt, verödet, kippt.

Warum stören uns die biologischen Verluste noch nicht? Vergleichen wir die Natur, die uns mit allem Lebensnotwendigen versorgt, mit einem Flugzeug, in dem wir sitzen. Das Ding fliegt, weil es ein Flugzeug ist, immer schon geflogen ist und technisch instand gehalten wird. Selbst wenn wir nicht genau wissen, wie alles funktioniert und wer es zum letzten Mal gewartet hat. Das Teil fliegt immer noch, auch wenn sich ein paar der Nieten lösen, die die Tragflächen zusammenhalten. Doch immer wieder und immer schneller lösen sich nun die Teile. Wir sehen durch das Fenster und fragen uns, wie lange das wohl noch gut geht. Wir können nicht wissen, wie lange die Tragfläche noch hält. Wir wissen aber, dass sie uns plötzlich um die Ohren fliegen wird und wir schleunigst landen sollten.

Dieser technische Vergleich leuchtet uns ein, weil er simpel und nahe an unserer Alltagserfahrung ist und es eine einfache Lösung gibt: landen, reparieren, weiterfliegen!

Aber: Würden Sie in ein marodes Flugzeug einsteigen? Fliegen, anstatt das Ding erst mal zu reparieren, auch wenn es Zeit und Geld kostet? Ihr Leben riskieren, obwohl die Techniker Sie gewarnt haben? Niemals! Wenn nun die geschundene Erde, unser Planet, der über sieben Milliarden Menschen mit Millionen von Arten und zig komplexen Ökosystemen versorgen soll, ein Flugzeug in entsprechend angeschlagenem Zustand wäre, Sie würden nicht an dermaßen lädierten Tragflächen und den Warnungen der 15.000 Wissenschaftler vorbei einsteigen wollen! Schon gar nicht, wenn Sie wüssten, dass die Flug-Erde bald zehn bis elf Milliarden Menschen tragen soll. Und niemals würden Sie Ihre Kinder einsteigen lassen.

## Einfache technische Lösungen für komplexe biologische Probleme?

Wir wissen, dass Maschinen zwar versagen und Schaden anrichten können, vertrauen aber auf eine immer geschicktere technische Lösung, auf einen immer besseren Neustart. Auch auf viele große Probleme der Menschheit fanden Ingenieure und Wissenschaftler clevere Lösungen. Infektionskrankheiten? Antibiotika schafften und schaffen Abhilfe. Oder Ölknappheit? Ach was, Ammenmärchen aus den 1970ern; wir fanden und nutzten immer mehr Öl, vom Fracken an Land bis zum Anbohren der Tiefsee.

Die Nebenwirkungen – etwa Resistenzen gegen Antibiotika, Raubbau von endlichen Ressourcen und Umweltverschmutzung – häufen sich, doch wir meinen, wir bekommen sie schon beizeiten in den Griff. Oder beginnen irgendwie und irgendwo von vorn, wie in einem Videospiel, an dessen Aufgaben man so lange scheitert, bis man es dann doch schafft.

Biologische Systeme sind aber vielfältiger, komplexer, über Jahrmillionen entstanden und aufeinander eingespielt. Wie technische Apparate sind sie gegen falsche Bedienung und Missbrauch empfindlich, sie verschleißen bei Überlast und benötigen bei Gebrauch quasi ständig Wartung und Pflege. Sind Ökosysteme erst kaputt, sind sie kaum mehr zu reparieren, nur aufwendig und über lange Zeiträume hinweg zu regenerieren und renaturieren. Würden Sie mit Ihrem Auto weiterfahren, wenn die Öllampe leuchtet? In der Hoffnung auf Spontanheilung oder spätere technische Errungenschaften einen sündhaft teuren Motorschaden provozieren oder gar einen fatalen Unfall, obwohl Sie nur beizeiten etwas Öl nachfüllen müssten?

Viele Lebensräume, gerade auch in temperierten Klimazonen wie bei uns, sind relativ robust und produzieren natürlicherweise Überschuss, also Pflanzen und Tiere, die man problemlos abschöpfen und nutzen kann. Nachhaltige Fischerei wäre so ein Beispiel, das Sammeln von Pilzen und Beeren, naturnahe Waldwirtschaft, extensive Weidewirtschaft oder nachhaltiger Bioanbau. Wir schöpfen aber nicht nachhaltig ab, wir plündern! Und die Öllampe leuchtet nicht nur, sie flackert bereits vor Überlastung!

Wenn der Mensch zu sehr plündert, zu sehr stört, mag das System Natur noch eine Weile funktionieren, aber das Ende ist absehbar. Wenn der Mensch dann helfend eingreift, verschlimmbessert er oft nur. Tote Organismen und ausgestorbene Arten kann man nicht mehr wiederbeleben. Verlust von Biomasse mag sich über längere Zeit regenerieren, wenn die Bedingungen günstig sind und man die Natur in Ruhe lässt, dann bilden sich andere und oft verarmte Lebensgemeinschaften mit oft geringeren oder anderen ökologischen Leistungen. Der Verlust von Arten bleibt irreversibel. Weder die Artenvielfalt noch die Eigenschaften der vielen Arten noch deren Zusammenwirken und Funktionen in komplexen biologischen Systemen haben wir erforscht oder ansatzweise verstanden. Wir bemerken den »Bio-GAU« wohl erst, wenn schon viel, vielleicht zu viel Schaden entstanden ist. Bei Kraftfahrzeugen nennt man das »wirtschaftlichen Totalschaden«. Wir leben aber vom Leben, nicht von Geld. Es muss also weitergehen.

## Wir zünden den Tötungsturbo

Zudem sind biologische Probleme, wie das Artensterben oder die Veränderung von Lebensgemeinschaften oder deren Leistungen, nicht nur Folgen der Umweltveränderungen, sondern auch Ursachen für Umweltveränderungen.

Beim Entwässern der Moore, beim Abbrennen von Wäldern oder bei der Erosion von Böden ändern sich regionale Klima- und Umweltbedingungen, und es werden gigantische Mengen an Treibhausgasen frei. Sterben die Korallenriffe, ist es vorbei mit dem natürlichen Küstenschutz in vielen tropischen Regionen. Zudem werden Klimagase frei, die die zerstörerischen chemisch-physikalischen Prozesse wie Treibhauseffekt und Ozeanversauerung befeuern. Was wissenschaftlich als »positive Rückkopplung« bezeichnet wird, ist ein globaler Teufelskreis, ein immer heftiger strudelnder Abwärtssog, aus dem es bald kein Entrinnen mehr gibt.

Das Sterben von Individuen, Arten und Ökosystemen, die biologische Krise, ist also das dringendste globale Umweltproblem. Es verstärkt die Klimakrise, wirkt schneller, betrifft unsere unmittelbare Lebensgrundlage und ist irreversibel.

Es ist für uns moderne Menschen mit Smartphones, virtuellen Welten und Raumschiffen nicht einfach zu begreifen, dass wir alle vom Wohl der Mikroben, Pflänzchen und Tierchen abhängen. Auf Gedeih und Verderb. Und doch ist es so.

Und was, wenn wir uns zusammenreißen? Uns als Einzelne und Menschheit rasch und massiv ändern? Ist die Zivilisation, sind Milliarden von Menschenleben noch zu retten?

Kann sein, versuchen müssen wir es jedenfalls!

## Artenschwund als Chance?

Es mag abwegig klingen, aber vielleicht bietet uns gerade das Artensterben die Chance, uns als Menschheit zu bewähren. Arten sind natürliche Einheiten, sie sind beschreibbar und begreifbar. Vertreter mancher Arten werden riesig, andere finden wir nett oder wichtig. Wenn gigantische Blauwale, charismatische Elefanten, niedliche Delfine oder emsige Bienen verschwinden, bemerken wir das, rührt uns das, schadet uns das – nicht nur materiell oder als Safaritouristen, sondern in unserem Selbstverständnis. Niemand will Arten ausrotten! Oder allzu mitverantwortlich für Artenmord sein. Zumindest nicht sehenden Auges.

Arten sterben nicht alle gleichzeitig, sondern gehen nach und nach verloren. Geben uns Zeit, das Unsägliche zu hören, und die Möglichkeit, mit den letzten leidenden Kreaturen mitzufühlen. Lassen uns unser eigenes Schicksal als Art vorausahnen – und vielleicht doch endlich in die Hand nehmen?

Bemerken Sie den Unterschied? Welches Kind empört sich über ein paar ppm mehr $CO_2$ in der Luft? Und welches nicht über verhungernde Eisbären auf schmelzenden Schollen?

Artenschutz ist auch ein Symbol, für das Gute und Richtige im Menschen!

## Der biologische Imperativ

Umweltschutz gegen Menschen? Ökodiktatur? Artenschutz zulasten der Ärmeren? Sicher nicht! Denn Ökosoziales, die Art und Weise, wie wir mit uns, unseren Mitmenschen und unserer Umwelt umgehen, hängt zusammen wie die Arten in ihren Nahrungsnetzen und Stoffkreisläufen. Ändert sich eine Art, ein Einflussfaktor, ändert sich alles, oftmals nicht zum Besseren. Werden über Jahrtausende etablierte Gleichgewichte zu sehr und zu schnell gestört, versagt das Gesamtsystem. In diesem Prozess befinden wir uns gerade, wir ändern das Klima und die Umweltbedingungen etwa hundertmal schneller als natürlicherweise nach einer Eiszeit. Da kann die Natur nicht mithalten – und stirbt.

So ist es in der Ökologie, und so ist es auch in der Ökonomie: Oder glauben Sie ernsthaft, dass eine Gesellschaft funktioniert, in der praktisch alle Menschen kurzfristig ihre Lebensgrundlage verlieren? Kann ein System langfristig bestehen, das die nötigen Ressourcen plündert, ausbeutet und verzehrt? In dem ständiges materielles Wachstum gefordert wird und zehn Prozent mehr besitzen als die übrigen 90 Prozent zusammen? Ja? Eine solche Meinung mag daran liegen, dass Sie zum weltweit reichsten Prozent der Menschheit gehören, ziemlich sicher zu den reichsten fünf Prozent, auch wenn Sie das nicht wissen und sich Ihr Kontostand am Monatsende nicht danach anfühlt. Und was, wenn Sie trotz aller Anstrengungen jetzt schon kein Land mehr sehen könnten, jedes Jahr weniger ernten oder weniger Fische fangen, an Durst, Hunger und Krankheiten leiden, in ständiger Existenzangst leben müssten – und Ihre Familie auch? Dieses Schicksal könnte uns bald alle ereilen: Ob sich dann die Erkenntnis durchsetzt, dass man es mit Nachhaltigkeit und Wachstum in anderen Bereichen, wie Werten, Gesundheit und Lebensqualität, hätte versuchen sollen? Rechtzeitig?

Schließlich lehrt uns die Dimension und die für alle tödliche Konsequenz der biologischen Krise, dass sie nur in globalem Miteinander zu lösen sein wird. Wer sich einsetzt, sollte anerkannt werden, wer blockiert, sollte Nachteile haben, ideell und finanziell, auch das in einer bisher ungeahnten Dimension.

Wie es meine Kinder einmal ausdrückten: Artenschutz muss cool werden! Was machen die Menschen nicht alles freiwillig, wenn sie es erst mal toll finden und es die anderen auch machen. Zeit und Geld spielen plötzlich keine Rolle mehr. Die Rettung der Welt als Abenteuer, Massensport, Mitmachethik für alle? Nützlich, vergnüglich, selbstverständlich? Zu schön, um wahr zu werden?

Betrachten wir die Alternative: Bleibt nachhaltiges Leben und Umweltschutz nur ein Thema für ein paar besonders bewusste »Öko-Spinner«? Dann wird es sehr teuer: Noch vor dem

Jahr 2030 werden alle Umweltfrevler für ihr Verhalten teuer bezahlen müssen, und zwar zweckgebunden für effizienten Umweltschutz! Glauben Sie nicht? Hoffen Sie lieber, dass es so kommt. Denn das wäre unsere einzige Chance in einem solchen Szenario.

So kann und wird es nicht weitergehen: Mit unserem derzeitigen Verhalten und Selbstverständnis, mit hemmungslosem Konsum, Prasserei und Umweltschmutz richten wir unseren einzigen Planeten und sämtliches höheres Leben darauf zugrunde, und das wird die Verursacher, uns Menschen aus den Industriestaaten, Unsummen kosten. Vielleicht auch die Freiheit, vielleicht sogar das Leben.

Wenn wir weiterhin gut leben wollen, führt an einem ganzen Bündel an – für manche – radikalen Maßnahmen kein Weg vorbei: Wir müssen richtig und umfassend über echte Probleme informieren. Müssen gute Lösungswege erarbeiten, richtige Prioritäten setzen und rasch das Richtige tun. Je früher, desto billiger und Erfolg versprechender wird es – und desto besser sind unsere Chancen auf eine lebenswerte Zukunft.

# DIE BIOLOGISCHE KRISE

Wenn ich das Thema »Mensch macht Umwelt, Lebewesen und damit seine eigene Lebensgrundlage kaputt« in meinen Vorlesungen anschneide und in Vorträgen ausführe, denken anfangs offenbar viele Zuhörer insgeheim »na ja, weiß ich schon«. Schließlich sind die Medien mittlerweile – endlich – voll davon, und so manche Fachleute tun ihre Meinungen kund. Biologen waren selten dabei und Artenforscher schon gar nicht. Ich spreche also von vielerlei speziellen und regionalen Aspekten der Artenforschung und des Artenschwunds, erweitere den Fokus, beleuchte Ursachen und globale Zusammenhänge. Und spätestens hier bemerke ich an den teils erstaunten, teils erschreckten oder ungläubigen Gesichtern, dass meine Zuhörer eben doch nicht alles wussten, entscheidende Verbindungen nicht bedachten oder sich schlichtweg scheuten, sich globale Konsequenzen abnehmender Biomasse und aussterbender Arten auszumalen.

Blicken wir kurz aus dem Fenster auf das Naheliegende: Überdüngtes Einheitsgrün statt farbenfroher Feuchtbiotope, Maiswüsten statt summender Blumenwiesen, öde Fichtenforste statt von Gezwitscher erfüllte Wälder, direkt vor unserer Nase, in Deutschland und drum herum. Ältere Naturfreunde bemerken den Unterschied zu früher, als man vielerlei verschiedene Schmetterlinge nicht lange suchen musste. Die Jungen und die vielen Stadtmenschen bemerken das nicht, sie haben ja keine Vergleichsmöglichkeiten – »shifting baselines« wird dieses Phänomen genannt.

Erlebt man als Kind keine intakte Natur, hatte man nie mit frei lebenden Pflanzen und wilden Tieren zu tun, erkennt und erwartet man sie später auch nicht. Umso wichtiger sind Bildungs- und Erlebnisprogramme in freier, möglichst vielfältiger und intakter Natur, wenn man sie denn noch selbst kennt.

Überhaupt gelten Städte in Mitteleuropa inzwischen als artenreicher als das intensiv beackerte und besprizte Umland. Was nicht allzu viel bedeutet, denn vielerorts werden sogar Haussparzen selten. Und leider gibt es die meisten seltenen Arten in den Städten sowieso nicht, sondern nur an besonderen und besonders bedrohten Stellen draußen in der Natur. Etwa 30 Prozent der etwa 48.000 Tierarten in Deutschland werden bis 2050 ausgestorben sein, so die offizielle Schätzung. Bei den Weichtieren, also Muscheln und Schnecken, sind von den etwa 333 Arten an Land und im Süßwasser über 60 Prozent bedroht bis ausgestorben. Über 60 Prozent!!!

Aussterben funktioniert so: Lebewesen wandern aus oder sterben, wenn die Lebensräume verschwinden und die Umweltbedingungen nicht mehr passen. Arten werden seltener, die genetische Vielfalt und damit die Reaktionsmöglichkeiten auf Umweltveränderungen schwinden, örtliche Populationen erlöschen. Schließlich verschwindet die Art – für immer! Insgesamt, über alle Tiere, Pflanzen und Mikroben hinweg, ein tragischer, irreparabler Verlust an Naturgeschichte, direkt vor unserer Nase und durch unser Tun und Unterlassen! Für Gläubige ein Verlust der Schöpfung, für Fühlende ein tragisches Unrecht, für kühle Rechner ein mieses Geschäft.

## Biomasse macht's

»Sterben die Bienen, stirbt der Mensch!« Der Spruch stammt zwar wohl doch nicht von Albert Einstein, birgt aber viel Wah-

res. Sterben die Honigbienen, leiden die Imker, leidet die Bestäubung von Wildpflanzen und Nutzpflanzen, leidet ein Großteil
der landwirtschaftlichen Produktion wie Obst- und Gemüsean-
bau, aber auch der Raps. Von den Blütenpflanzen werden im
Wesentlichen nur Gräser und Nadelbäume vom Wind bestäubt,
Pflanzen mit deutlich sichtbaren Blüten brauchen dagegen
meist Insekten, also Honigbienen, Wildbienen und andere
Krabbel- und Fliegetierchen, sonst gibt es keinen Nachwuchs
und keine Produktion von essbarer Pflanzenmasse. Jeder weiß
inzwischen, Insekten werden dramatisch weniger, also wird
weniger bestäubt. Im von Umweltverschmutzung besonders
geplagten China bestäuben schon menschliche Helfer per Hand
die Obstbaumblüten. Klar, Arbeitskraft ist auf dem Land noch
billig, und was kann es Schöneres geben, als den ganzen Tag an
der frischen Luft zu sein und Tausende von Blüten mit einem
Pinsel zu beglücken? Schon werden Bestäuberdrohnen entwickelt, doch wie viele davon bräuchte man wohl, um die Milliarden von Blüten auf einem einzigen Feld zu besuchen? In den
auf kompromisslose Agrarwirtschaft getrimmten USA gibt es in
den endlosen und stark bespritzen Agrarwüsten keine Bienen
mehr. Braucht man welche, werden mobile Imker-Trucks mit
Hunderten von Bienenstöcken gemietet. Bee-Ware!

Der Mensch ist erfinderisch. Für spezielle lokale Probleme
mag es passable, unerwartete technische Lösungen geben. Für
komplexe, generelle, überregionale Probleme aber nicht!

## Artenvielfalt macht's erst recht

In jedem Lebensraum gibt es vielerlei Arten, etwa Pflanzen, die
unter Licht $CO_2$ in Biomasse binden, Tiere, die Pflanzen oder
andere Tiere fressen, und Mikroben, die überschüssige Substanz abbauen oder weiterverarbeiten. Manche Arten haben

sehr spezifische Anforderungen, andere sind Generalisten. Manche Gruppen bestehen aus Millionen einzelner Tieren stattlicher Größen – man denke an Gnus oder vielerlei Seevögel. Viele Arten bestehen aus Milliarden winziger Individuen, die sich gegenseitig fressen oder bestimmte Tätigkeiten verrichten oder Produkte herstellen, die sie und wir benötigen. Honigbienen etwa, die auch Nutzpflanzen bestäuben und Honig produzieren.

Die allermeisten Arten aber sind klein und selten – und dennoch wichtig. Neuere Forschungen zeigen, wie wichtig etwa die zusätzliche Bestäuberleistung der über 500 Wildbienenarten allein in Deutschland ist: Jede hat andere Vorlieben, was die Blüten angeht und wann und wo bestäubt wird, etwa bereits bei kühlen Temperaturen, in der Dämmerung oder auch bei feuchtem Wetter, wenn die Honigbienen in ihren Stöcken auf bessere Sammelbedingungen warten. Dazu kommen Aberhunderte Arten von Hummeln, Schwebfliegen, Schmetterlingen; alle mit ihren speziellen Vorlieben und besonderen Fähigkeiten.

Gibt es vielerlei verschiedene Arten in einem Lebensraum, etwa die vielen Wildbienenarten und andere Bestäuber, übernehmen sie zahlreiche Funktionen im Ökosystem. Ändern sich die Umweltbedingungen und fallen einige Arten aus, übernehmen andere Arten deren Funktionen und vermehren sich. Die viel zitierte Nahrungskette ist in Wahrheit ein Nahrungsnetz, das funktioniert, auch wenn das eine oder andere Glied mal ausfällt. Anders gesagt: Naturnahe Ökosysteme mit vielerlei Bestäubern sind robust. Gibt es aber nur noch Honigbienen, also unsere Haustiere, und fallen diese aus, etwa wegen der gefürchteten Varroa-Milbe, wegen Pestiziden oder wegen der Kombination aus beidem, ist die Bestäubung und damit die Funktion ganzer Ökosysteme bedroht.

»Diversity« ist also nicht nur in der modernen Wirtschaft gefragt, sondern überall in der Natur und insbesondere auch auf dem Acker. Als aktuelles Beispiel die Glyphosat-Debatte: Mit dem giftbedingten Ableben von Mikroben und Kleintieren in den Ackerböden leidet auch die Fruchtbarkeit der weltweiten industriellen Landwirtschaft. Immer mehr und neue Kunstdünger, Pestizide und »grüne« Gentechnik heißen einige der Notnägel, die unsere Versorgung mit Nahrung sichern sollen. Noch, und mit allerlei unschönen Nebenwirkungen und viel mehr Verlierern als Gewinnern. In den südamerikanischen Sojaplantagen für unsere Massentierhaltung genauso wie in trostlosen Ölpalmenhainen in Südostasien. Wo einst artenreichster Regenwald war, erodiert nun der Boden. Es fehlt an Wasser zum Bewässern der Felder, zum Tränken des Viehs, als Getränk für den Mensch. Ohne Regenwald regnet es immer weniger, und es wird heißer, was höhere Verdunstung bedeutet, also immer mehr und heftigere Dürren, weniger Ernte, Ausdehnung der Monokulturen auf sterbende Wälder in der Umgebung ...

Sauberes Trinkwasser, ein teurer Luxus, sogar in der meist regenreichen Güllegrube Deutschland – von angeblich guter Landluft ganz zu schweigen. Wir Menschen, insbesondere aus den Industrieländern, zerstören momentan die Vielfalt des Lebens, zerstören ganze Lebensräume daheim und in fernen Kontinenten, zerstören unsere eigene Lebensgrundlage.

## Auf zum globalen Ökozid!

Wir vernichten ganze Lebensräume, zu Hause und in aller Welt. Und zwar sehr rasch. Wussten Sie, dass die globalen Korallenriffe wohl vor dem Jahr 2050 verschwunden sein werden? Dass die globale Meeresfischerei bis dahin kollabiert sein wird? Dass

riesige Regenwälder innerhalb weniger Jahre vertrocknen könnten? All das mit extremen Folgen für Milliarden Menschen, das
Weltklima, die Weltwirtschaft, den Weltfrieden.

Nein, wussten Sie nicht? Oder wollen Sie es gar nicht so
genau wissen? Das ist typisch für die allgemeine Wahrnehmung
der globalen biologischen Krise, die noch allzu gern als Privat-
problem der Liebhaber von Bienchen und Blümchen abgetan
wird. Der Naturromantiker und weinerlichen vegetarischen
Öko-Fuzzis, die sich vor ein bisschen Glyphosat im Müsli fürchten und besserwisserisch am weltrettenden Gänseblümchentee
saugen.

Echte Probleme sind viel konkreter, sind wirtschaftlicher
Art, haben mit Arbeitsplätzen, Industrieproduktion, Karri-
ere, Konkurrenz und Wettbewerbsfähigkeit zu tun, nicht wahr?
Vielleicht auch mit Anschaffungen, Krediten und Annehm-
lichkeiten? Und auch mit Ihrer Gesundheit, dem Wohlergehen
Ihrer Lieben, der Sicherheit Ihrer Besitztümer. Ist doch normal.
Die Jacke ist einem halt näher als die Hose, alles eine Sache der
Prioritäten.

Sie sind beileibe kein schlechter Mensch, haben durchaus
Mitgefühl, wenn ein Haustier leidet oder mal wieder irgendwo
ein Tsunami oder Erdbeben Schreckliches anrichtet. Und, ja, Sie
spenden auch manchmal. Der Welthunger, an dem immerhin
noch 800 Millionen Menschen leiden, ist nicht schön. Aber halt
weit weg. Und helfen kann man da eh nicht wirklich, glauben
nicht nur Sie. Dasselbe gilt für all die Krankheiten, wäre sowieso
besser, wenn es weniger Dschungel mit seltsamen Viechern und
all den Krankheitsüberträgern drin gäbe. Wären schön ordent-
liche Felder und Wiesen nicht besser, und ist industrielle Landwirtschaft nicht sowieso nötig, um all die hungrigen Mäuler zu
ernähren? Wer soll sich schon »Bio« leisten, und steigt die weltweite Geburtenrate nicht immer noch? Na eben, ohne moderne,

sogenannte »grüne« Agrartechnik geht das nicht, da würden ja Hunderte Millionen, wenn nicht Milliarden verhungern, hört man doch immer wieder! Auch die vielen Kriege sind schlimm, aber, Gott sei Dank, sind auch die relativ weit weg. Wer wollte da nicht zuallererst an die eigene Sicherheit denken? Und bekäme sie auch, wenn es keine globalen ökologischen und ökonomischen Zusammenhänge gäbe und uns der Rest der Welt nur mit seinen Problemen in Ruhe lassen würde. Tut er aber nicht.

Sie haben vom Klimawandel gehört, der weite Gebiete verdorren lässt, riesige Seen austrocknet, Landwirtschaft, Viehzucht und Fischfang unmöglich macht. Schlimm für die Bewohner. Natürlich müssen all die armen Teufel irgendwo hin. Und natürlich, das sagen sämtliche Klimamodelle auf allen seriösen Kanälen, wird es immer noch wärmer und die Not dadurch nicht weniger, sondern mehr werden. Aber eben nicht bei uns, im klimatisch gemäßigten Mitteleuropa, hoffen Sie zumindest.

Wir sitzen das einfach in Ruhe aus. Wir müssten uns nur effektiv gegen Eindringlinge schützen und uns daheim an den Klimawandel anpassen, das sagen auch die Politiker. Schließlich haben wir Außengrenzen und Technologie. Wir sind Dichter und Denker, fleißige Hausfrauen, ehrbare Kaufleute, die besten Ingenieure, waren Exportweltmeister, Papst und Fußballweltmeister. Und die Amerikaner schießen Teslas in den Orbit und planen Kolonien auf Mond und Mars. Was soll uns der Wandel im Rest der Welt schon anhaben? Was soll mir das ganze Schlamassel irgendwann in ferner Zukunft schon tun können?

Wenn Sie auch nur ansatzweise so denken, muss ich Sie enttäuschen. Schon der Wandel in Mitteleuropa wird dramatisch werden, insbesondere im Alpenraum und in heute schon trockenen Ecken der Republik, aber auch bei Ihnen vor der Haustür. Bis zum Jahr 2100 werden nicht nur Skilifte, sondern auch Fichtenforste und Buchenwälder aus niedrigen Lagen verschwinden, Wetterkapriolen mit Erdrutschen, Überflutungen, Dürren, Stürmen und Tornados zunehmen. Kennen Sie das alles schon aus den Nachrichten? Haben Sie diese Zukunft schon in Ihre Ansichten eingespeist?

Doch halt, so weit wird es ja gar nicht kommen, denn schon lange vorher, vermutlich zwischen 2030 und 2050, ereilt uns die globale biologische Krise, die globale Not, das Ende der Zivilisation. Aus der scheinbaren Bienchen-und-Blümchen-Krise wird rasch eine globale Biokalypse.

## Biokalypse noch vor 2050!

Ja wie? So bald schon? Das könnte Sie also wohl doch noch höchstpersönlich betreffen! Und Ihre Kinder, Verwandten, Freunde auch! Aber davon hätten Sie doch bestimmt schon gehört?

Das haben Sie wohl auch, nur nicht in letzter Konsequenz. Denn die klingt ungut. Macht ein »Weiter so« unserer Lebensweise unmöglich. Würde eine rasche und weitreichende Änderung von uns allen, unserer Denk-, Lebens- und Handlungsweisen erfordern – und wäre doch recht einfach und ohne große Einbußen an Wohlstand und Komfort machbar.

Habe ich Ihr Interesse?

Dann folgen Sie mir bitte zunächst in die Welt der Wissenschaft, denn die belegt das oben Gesagte. Danach werde ich die Ursachen und Konsequenzen unserer viel zu umweltschädlichen Lebensweise noch genauer aufzeigen und eine globale Prognose für die nächsten Jahrzehnte wagen. Und schließlich möchte ich Ihnen die Vielzahl an Möglichkeiten nahebringen, um die Biokalypse zu vermeiden.

Im globalen Wandel brauchen wir einen globalen Sinneswandel. Damit die Natur leben kann – und wir auch.

# Exkurs:
# EINE KURZE GESCHICHTE DER NATUR

Die Natur umfasst unbelebte Materie wie Luft, Wasser und Steine genauso wie Lebewesen – von Bakterien und allein nicht lebensfähigen Viren über Einzeller bis hin zu Pflanzen, Pilzen und Tieren. Und natürlich Menschen. Was wissen wir eigentlich über »unsere« Natur?

Wussten Sie, dass Pilze näher mit den Tieren als mit den Pflanzen verwandt sind? Dass Korallen-Polypen, die Baumeister der Korallenriffe, nicht nur zu den Blumentieren gehören, sondern auch echte Tiere sind? Dass sich frühe Vorfahren von Insekten, Schnecken und Wirbeltieren schon vor über 500 Millionen Jahren in einem Urozean tummelten, während es an Land noch kein höheres Leben gab und die Atmosphäre kaum Sauerstoff, aber sehr viel $CO_2$ und Methan enthielt? Ja, Treibhausgase, an die die damaligen Lebewesen angepasst waren.

Die Natur, belebt oder nicht, hat sich seither gewaltig verändert. Im Laufe von Jahrmillionen sind Kontinente gedriftet, Klimakrisen kamen und gingen, und über Tausende von Generationen an Warm- oder Kalt-, Trocken- oder Feuchtzeiten angepasste Lebewesen setzten sich durch und vergingen wieder. Insgesamt stieg die planetarische Artenvielfalt, das belegen Fossilien, immer weiter an, doch über 90 Prozent aller jemals existierenden Arten starben bereits früher aus. Viele davon während katastrophaler Massenaussterbe-Ereignisse. Fünf davon gab es bereits für Tiere, das letzte vor etwa 65 Millionen Jahren. Der Einschlag eines Meteoriten vor Yucatán und begleitende Klimakapriolen rafften alle Saurier außer den Vögeln dahin, und geschätzte 50 Prozent aller damals vorkommenden Tierarten zu Lande und zu Wasser. Gewinner waren Insekten als Bestäuber von Blütenpflanzen, sie legten eine grandiose Spezialisierung und Auffächerung von Arten hin. Dieser letzten globalen Monsterkrise verdanken aber auch unsere direkten Vorfahren, kleine pelzige Säugetiere, ihren plötzlichen und bis heute andauernden Erfolg gegenüber den Echsen.

Bis heute? Nicht ganz. Denn seit etwa 200 Jahren tun wir Menschen alles erdenklich Mögliche, um eine Zerstörung durch Killerasteroiden »nachzuahmen«. Gerade auch Säugetiere sind betroffen, wir Menschen rotten momentan aber auch alles andere höhere Leben aus, was uns in die Quere kommt. Wir befinden uns im sechsten Massensterben der Erdgeschichte, diesmal menschengemacht.

Wenn Sie nicht gerade im US-amerikanischen Bible Belt zur Schule gegangen sind, wissen Sie vielleicht auch, dass sich die Menschen zweifelsfrei aus affenähnlichen Vorfahren ableiten lassen und der moderne Mensch, der *Homo sapiens*, erst vor etwa 200.000 Jahren das Spielfeld Erde betrat? Die Wiege der Menschheit war Afrika, doch seit über 60.000 Jahren verließen immer wieder Gruppen von Auswanderern den »Schwarzen Kontinent«. Ja, unser aller Vorfahren waren so schwarz wie Afrika in den markengeschützten Ringen der Olympischen Spiele. Sie kamen über die Ostroute, via Arabien, die Türkei und den Balkan nach Europa. Und sie trafen dort auf Neandertaler, mit denen sie sich paarten und Nachkommen zeugten: uns.

Das ist inzwischen genetisch zweifelsfrei erwiesen. Vor 15 Jahren wurde ich noch belächelt, wenn ich vor Studenten vermutete, dass es Paarungen zwischen menschenähnlichen Wesen gegeben haben musste, einfach weil sich Menschen immer schon so verhielten, ob friedlich oder im Krieg. Dass solche Paarungen fruchtbare Nachkommen zur Folge hatten mit bis heute einigen Prozent Neandertaler im Erbgut (von *Homo sapiens)*, hat mich selbst überrascht. Wir hellhäutigen Europäer, Asiaten, Amerikaner, Australier und auch sonst alle Nicht-Afrikaner sind – Mischlinge. Nicht mit Aliens, aber doch mit Nicht-Menschen, zumindest mit einer anderen Unterart, den robusten und kräftig gebauten Neandertalern, *Homo neanderthalensis.*

Es kommt aber noch viel besser: Afrikaner waren und blieben mit ihrer dunklen Hautfarbe an starke äquatornahe Sonneneinstrahlung angepasst. Die Auswanderer nach Norden aber, die schwarzen Vorfahren aller heute lebenden Bleichgesichter, hatten ein Problem: Sie bekamen unter winterlichem Schwachlicht in Europa zu wenig Vitamin D ab, und das ist wichtig für das Immunsystem. Insbesondere bei nordischem Schmuddelwetter holt man sich ja schnell böse Infektionen, und Auskurieren im warmen Bettchen gab es in den feuchtkalten Höhlen nicht. Unsere Vorfahren, genauer gesagt alle nicht schwarzafrikanischen modernen Menschen, passten sich in höheren Breiten durch Pigmentverlust an den UV-Mangel an. So hieß es bis vor Kurzem jedenfalls. Dann fanden Genetiker heraus, dass wir weißen Menschen unsere helle Haut wohl von den Neandertalern geerbt haben!

Lassen Sie sich das mal auf der Zunge zergehen: Wir alle, beziehungsweise unsere damaligen Genträger, waren Nachfahren pelziger Menschenaffen, kamen dann nackig und auf zwei Beinen von Afrika nach Europa marschiert, und natürlich waren wir damals alle schwarz. Warum ich darauf herumreite?

Weil wir alle Nachfahren von farbigen Migranten aus dem sonnigen Süden sind, Klima- und Wirtschaftsflüchtlinge, Abenteurer. Das dürfte heutigen Nationalisten, rechten Populisten und grantigen alten weißen Männern nicht gefallen, oder? Früher kam dann gelegentlich der Spruch, Weiße wären halt nun mal der Gipfel der Evolution. Na ja, aber die Menschen, die jetzt nicht mehr schwarz sind und nun auch im Winter genug Vitamin D in der Haut produzieren, also wir hier, die allermeisten Europäer, grantig oder nicht, haben das der Paarung mit schon damals weißen (!) Neandertalern zu verdanken! Moment, aber waren die Neandertaler nicht stämmige, zottelige, primitive Wilde mit allzu prägnanten Überaugenwülsten, von Sprache und Kultur keine Spur? Ja, auch das waren wohl alles Vorurteile. Ob wir die auch von den Neandertalern geerbt haben?

>> Nur wer die Vergangenheit kennt, hat eine Zukunft! <<

*Wilhelm von Humboldt*

Ob friedlich oder kriegerisch, die Neandertaler starben mitten in der letzten Eiszeit aus, vor über 30.000 Jahren. Unsere *Homo sapiens*-Vorfahren samt unserem genetischen Neandertaler-Erbe breiteten sich über sämtliche Kontinente aus, schafften es, die letzte Vereisung bis vor gut 10.000 Jahren zu überstehen, und fanden danach im sich erwärmenden Eurasien immer bessere Lebensmöglichkeiten. Aus Höhlenmenschen und jagenden Nomaden wurden erste Tierzüchter und in Kleinasien bereits Siedler mit Landwirtschaft.

Weiß oder Schwarz, bis vor etwa 10.000 Jahren verhielten sich Menschen im Wesentlichen als Teil der Natur, lebten in kleinen Gruppen oder streiften als Nomaden einher, jagten Tiere und sammelten Wurzeln und Beeren. Vermutlich haben schon solche frühen Menschen einige Großtierarten dezimiert, etwa das Riesenfaultier in Südpatagonien oder das Mammut in Eurasien. Das mag zu deren Ausrottung in der sich bewaldenden und damit für die Tundra bewohnenden Riesenviecher zunehmend ungeeigneten Landschaft beigetragen haben. Insgesamt aber waren die Menschen fast überall auf der Erde noch zu wenige, um die Landschaft prägend zu verändern.

Die Entwicklung von Landwirtschaft, Bewässerung, Vorratshaltung, Viehzucht, Siedlungen, immer wirkungsvolleren Werkzeugen und Waffen nahm nicht nur selbst Einfluss auf größere Regionen, sondern ermöglichte auch massiven Bevölkerungszuwachs. Trotz aller Kriege und Seuchen, die Menschen wurden immer mehr, drängten die wilde Natur zurück und veränderten das Antlitz der Erde dauerhaft.

Seit etwa 2000 Jahren tun sie das messbar und massiv, weswegen man zumindest die letzte Phase dieses modernen Zeitalters des Menschen als  das »Anthropozän« bezeichnen kann. Wir waren damals nicht mal 200 Millionen Menschen und haben uns seither unauslöschlich im gesamtplanetarischen geologischen Nachweis verewigt. Aber nicht, wie man meinen möchte, durch Häuser und Straßen, Denkmäler und geniale Schaffenskraft, sondern durch Asche, Staub und schädliche Chemikalien. Also im Wesentlichen durch Verwüstung und Dreck.

Menschenstämme und Dörfer gab es bereits auf sämtlichen Kontinenten außer in der Antarktis. Insbesondere in Mittelamerika, in Kleinasien, China und im Mittelmeerraum gab es auch städtische Kulturen mit entsprechendem Bedarf an Ressourcen. So haben Römer und andere antike Völker für Schifffahrt, Bauwerke und Kriege fast sämtliche Küstengebiete des Mittelmeeres entwaldet, fruchtbare Böden ausgezehrt und schon damals in den Wasserhaushalt und das Klima ganzer Regionen eingegriffen – natürlich mit Konsequenzen für sämtliche Lebewesen. Wilde mediterrane Macchia, karstige Felsküsten, erodierte Hügel so weit das Auge reicht – fast alles ist Menschenwerk, oder zumindest dessen Konsequenz.

Mitteleuropa war seit Rückgang der eiszeitlichen Gletscher sehr waldreich, nur Küsten und Flussläufe waren dichter besiedelt. Das änderte sich über das Mittelalter. Aus wilder Natur entstanden im deutschsprachigen Raum allmählich flächendeckende Kulturlandschaften.

Für Arten, die weite wilde Naturräume oder ganz spezielle, nun urbar gemachte Habitate brauchten, war das schlecht. Doch viele Arten kommen auch mit einer wenig intensiven Landnutzung durch Menschen zurecht oder werden sogar dadurch begünstigt. In Europa hatte sich über Jahrhunderte eine kleinräumige und vielfältige bäuerliche Land- und Forstwirtschaft entwickelt, mit Weidewirtschaft auf mageren, blumenreichen Streuobstwiesen und in Wäldern mit alten Bäumen. Eichen und Buchen lieferten Früchte für die Schweinehaltung, andere Waldbereiche wurden immer wieder auf den Stock gesetzt und lieferten Brennholz und, ganz nebenbei, durch Nutzung ausgemagerte Standorte mit reicher Flora und Fauna am Waldboden. Äcker waren klein, zerstreut und von Hecken und Steinhäufen mit Beerengebüschen begrenzt. Der Boden wurde mühsam per Hand oder Ochsen gepflügt, und im Saatgut war ein hoher Anteil an Ackerwildkräutern, die ebenfalls vielseitig genützt wurden. Man kann den Strukturreichtum und die Artenfülle solcher Landschaften, aber auch die Mühsal händischer Arbeiten, heute noch beispielsweise im östlichen Rumänien bewundern.

Das bäuerliche Leben war hart, es herrschte Nährstoffmangel, und Dung wie Gülle aus dem Weidebetrieb waren wertvoller Dünger für die Äcker, deren Früchte man natürlich selber aß und nicht an Tiere verfütterte. Doch Mitteleuropa war bis in das 20. Jahrhundert hinein so blüten- und artenreich wie nie zuvor.

Heute kaum mehr vorstellbar ist auch der kleinteilige, mosaikartige Charakter der Landschaft, mit Unmengen von Hecken, Büschen, Gräben, Wällen und einem schier unglaublichen Reichtum an trockenen, mageren oder feuchten, sumpfigen Standorten, jeweils mit reicher Pflanzenpracht und an solche Standorte angepasstem Kleingetier. Am ehesten kann man solche engräumige natürliche Vielfalt noch in manchen Almregionen und Hochgebirgen bewundern.

Im Flachland wurden bereits großflächig Moore entwässert und Torf, über Jahrhunderte abgelagerte Torfmoosreste, als Brennmaterial gewonnen. Tümpel und Teiche gab es noch reichlich, Bäche und Flüsse waren naturbelassen und konnten bei Schneeschmelzen und Starkregen durch weite Auwälder und Überflutungswiesen Überschwemmungen abmildern. Lokale Umweltverschmutzung durch Kloaken und Chemikalien gab es nur in den Städten und stadtnahen Gewässern. Ansonsten laichten noch Lachse im Rhein, die großen Malermuscheln waren häufig und dienten den Künstlern am Starnberger See als Farbtöpfchen, und reichlich vorhandene Flussperlmuscheln in Urgesteinsgebieten wurden von Königshäusern und Adligen nach Perlen befischt.

Erst mit dem Beginn der Industrialisierung vor etwa 200 Jahren begann die Bevölkerung, fast überall regelrecht zu explodieren. Von etwa einer Milliarde auf über 7,5 Milliarden. Mehr Menschen, mehr Technik, mehr Nahrungsbedarf, mehr Konsumkraft, noch mehr Einfluss auf Natur und Umwelt: Der industrialisierte Mensch machte sich die Erde sehr zügig untertan, bis hin in sehr entlegene Gebiete. Dazu gleich mehr. Erst kehren wir einmal vor der eigenen Haustür.

# DAS STERBEN IN DEUTSCHLAND ...

... ist dramatisch. Fatal. Erschreckend! In Deutschland kennen wir etwa 80.000 einheimische Arten – »Mikroben« (über 8000), Pflanzen (9500), Pilze (14.000) und Tiere (48.000). Insgesamt 32.000 Pflanzen-, Pilz- und Tierarten sind in sogenannten Roten Listen in ihrer Gefährdungssituation erfasst. Noch fehlen viele wichtige und artenreiche Teilgruppen, wie etwa der Hautflügler, zu denen die nützlichen Schlupfwespen gehören, der Zweiflügler mit Fliegen und Mücken, und der Milben, die wichtige Elemente der Bodenfauna sind. Momentan sind 29 Prozent der Arten gefährdet und etwa fünf Prozent ausgestorben. Über ein Drittel der Arten hatten oder haben also ein Problem. Dies gilt für Arten an Land genauso wie für Arten im Meer.

Die verschiedenen Organismengruppen sind bisher recht unterschiedlich betroffen. Besonders übel schaut es derzeit für alle Arten aus, die saubere Süßgewässer benötigen, und für die wenigen einheimischen Reptilien. Selten wird über die größten Verlierer geredet: Hierzu zählen mit über 60 Prozent gefährdeter bis ausgestorbener Arten die Ameisen (108 Arten) und eben auch die vielen verschiedenen Weichtiere (333 Muschel- und Schneckenarten im Binnenland). Fast in allen Gruppen nehmen fast alle Arten in ihren Beständen ab.

## Essbare Solarzellen

Algen, Moose, Farne, Blütenpflanzen von den Gräsern und
Mauerblümchen bis zum Mammutbaum oder der deutschen
Eiche: Sie alle wandeln $CO_2$ und Wasser bei Lichteinstrahlung
in organische Stoffe wie Zucker und Zellstoff um. Der Prozess heißt Fotosynthese und ist wohl drei Milliarden Jahre alt.
Pflanzen sind die Basis unserer Nahrung, die Basis jeglichen
höheren Lebens. In Deutschland gibt es etwa 9500 Pflanzenarten, weltweit sind rund 330.000 Arten bekannt. Ständig werden noch neue Pflanzenarten gefunden, und es kann gut sein,
dass es etwa eine halbe Million Pflanzenarten auf der Erde
gibt. Die allermeisten kommen im tropischen Regenwald vor,
dort gibt es oft Hunderte verschiedene Baumarten pro Hektar!
Kaum ein Baum gleicht dem anderen! Und jeder Baum riecht
anders, schmeckt anders, hat andere Inhaltsstoffe und bringt
etwas anderes hervor, etwa andere Früchte mit einem anderen
Reifezyklus. Vergleichen Sie das mal mit unseren völlig mono-
tonen Fichtenforsten.

Viele Pflanzenarten sind an sehr spezielle Umweltbedingungen angepasst (und dabei gar nicht gut zu Fuß). Ändern
sich die Bedingungen, wird es etwa wärmer, müssen die Pflanzen in geeignetere Gefilde »ausweichen«, nach oben in die
Berge oder in höhere geografische Breiten, bei uns also nach
Norden. Dies funktionierte im Laufe der Jahrhunderte recht
gut: Noch vor 15.000 Jahren waren Nordeuropa und die Alpen
von dicken Eispanzern bedeckt. Hamburg lag unter Eis, und
München guckte halb heraus. Dazwischen war eine von eisi-
gen Winden durchpfiffene, kaum bewachsene Kältesteppe
mit Moosen, Flechten und Gräsern auf viel Stein, Geröll und
Staub, wie man sie heute im Hochgebirge oder in Polarre-
gionen findet. Als es wärmer wurde, konnten Blumen und

Büsche die freien Flächen besiedeln und etwas Erde bilden. Eine sogenannte Sukzession setzte ein, eine natürliche Abfolge verschiedener Vegetationsstadien; zunächst konnten auch Birken, Kiefern und andere Nadelbäume wachsen, danach auch Buchen und einige andere Laubbäume, die die natürlichen Wälder in unserem Klima bilden. Alles, was heute in Mitteleuropa wächst, kam im Laufe der Jahrtausende sukzessive dorthin, aus wärmeren, südlichen Regionen, wo die Pflanzen die Eiszeit überdauerten.

Wie geht das? Sehr einfach, wenn der Mensch nachhilft und Mitteleuropa ruckzuck fast flächendeckend mit Fichtenforsten überzieht. Oder mühsam, indem die Samen vom Stängel fallen und, wenn alles gut geht, ein paar Zentimeter entfernt vom Stamm eine neue Pflanze austreibt. Oder Samen von Wind und Wasser ein paar Meter oder auch weiter weggetragen werden. Und natürlich bietet die Natur einige hilfreiche Erfindungen, evolutive Anpassungen an die Notwendigkeit, auch als Pflanze zu wandern: Der Ahorn etwa kann sich über flugfähige Samen verbreiten, Kastanien oder Eicheln werden von Eichhörnchen verschleppt und praktischerweise gleich eingegraben und häufig vergessen, die jungen Bäume keimen, wachsen, und auch ihre Früchte werden weitergetragen. Besonders effektiv ist die Verbreitung von Pflanzensamen durch größere Säugetiere und Vögel: Kletten haften im Pelz von Hasen und Hirschen, Beeren werden gefressen und die Samen irgendwo zusammen mit ordentlich feuchtem Dünger als Kothaufen wieder ausgeschieden. Ist die Natur nicht genial?

Und mit Temperaturveränderungen von einem halben Grad pro Jahrtausend halten die Pflanzen mit ihren »Wanderungen« gut Schritt. Momentan sind wir bei über einem Grad pro Jahrhundert, Tendenz stark steigend.

## Das nächste Waldsterben kommt bestimmt

Was passiert mit unserer bestehenden Vegetation, wenn es weiterhin schnell wärmer und das Wetter wechselhafter wird, also trockener, stürmischer, mit heftigen Platzregen? Können einheimische Pflanzen, auch langsam wachsende und langlebige Wälder, den schnellen Umweltänderungen widerstehen? Je nach Art und Toleranz und in einem bestimmten Rahmen, ja. Wird der überschritten, war's das. Können sich Arten anpassen? Mittelfristig würden sich resistente Varianten einer Art durchsetzen, und langfristig, im Laufe Tausender Generationen, vielleicht auch resistentere Mutanten. Kurzfristig hilft meist nur Auswanderung in bessere Lagen.

Aber was passiert, wenn Kühle liebende mitteleuropäische Pflanzen weder auf Hügel und Berge wandern können, etwa weil keine da sind, noch nach Norden ausweichen können, weil sie zu langsam sind oder in riesigen Land- und Forstwirtschaftsflächen für natürliche Klimaflüchtlinge sowieso kein Platz ist? Richtig, die alten Vorkommen, sogenannte Populationen, sterben ab. Die Art wird seltener, die genetische Vielfalt sinkt, die Art wird anfälliger gegen Krankheiten und Pilze, vielleicht auch weniger resistent gegen Wetterkapriolen wie Starkregen oder Spätfröste. Ein Teufelskreis. Die Art stirbt lokal, dann regional, und wenn eine Pflanzenart nirgendwo mehr vorkommt, spricht man von ausgestorben.

Viele Pflanzen vertragen einiges, wie etwa unsere Kiefern. Sie waren mit die ersten Siedler nach der Eiszeit, und es gibt sie immer noch bei uns, allerdings meist an lausigen Standorten, zu sandig, zu trocken oder zu feucht für andere Bäume. An guten Standorten sind Kiefern nicht konkurrenzfähig mit der Feuchte liebenden Buche, die dort aus dem Vollen schöpft und besser wächst. Noch, denn Buchen sind wenig tolerant gegen

Nährstoffmangel, Hitze und Dürren. Kiefern sind deshalb die Hoffnung der Förster für die nächsten Jahrzehnte, allerdings für die guten Standorte. Eichen auch, da sie unempfindlicher gegen Wärme und Trockenheit sind als Buchen.

Leider gibt es mit dem Eichen-Prozessionsspinner auch einen Schädling, der sich gern über Eichenlaub hermacht, insbesondere, wenn die Bäume geschwächt sind, in Monokulturen in Reih und Glied nebeneinanderstehen und kaum natürliche Fressfeinde, wie Kuckucke, mehr da sind, die sich über den reich gedeckten Tisch freuen könnten. Für Menschen sind diese immer häufigeren Viecher durchaus gefährlich: Die Härchen der Raupen sind reizend und können Allergien auslösen, sogar auf Entfernung durch die Luft. Für die Bäume weniger, sie überleben meist selbst einen Kahlfraß.

Wenn wirtschaftliche Einbußen drohen, folgt der Griff zur Giftspritze. Flächendeckend, per Helikopter und als garantiertes Ende sämtlicher Insekten, seien sie gut oder schädlich. Damit gibt es erst recht nichts mehr zu fressen für Fledermäuse und Singvögel, es herrscht Schweigen im Walde, über Jahre hinweg.

Und die Fichtenforste im Flachland und die Fichtenwälder der Mittelgebirgsregionen? Sie waren ja aufgrund des sauren Regens der 1980er- und 1990er-Jahre schon totgesagt, aber dank Schwefelfilter in Kraftwerken und Katalysatoren in den Autos ist der Regen kaum noch sauer, und die Fichten haben überlebt. Werden sie den Klimawandel überstehen? Wohl kaum, da Fichten weder Hitze noch Trockenheit und als Flachwurzler weder Starkwinde noch Überschwemmungen vertragen. Stellen Sie sich die deutschen Wälder vor, 30 Prozent der Landfläche. Und jetzt denken Sie sich Fichten und Buchen weg! Kiefern auf schlechten Standorten auch.

Holla, die Waldfee bekommt Angstschweiß und Sonnenbrand.

### Wie geht es mit der heimischen Vegetation weiter?

Manche Pflanzenarten sind ungemein häufig, etwa manche Gräser oder auch die Rotbuchen, die in Mitteleuropa dominante Bau-
mart, andere sind selten. Natürlich ist das Risiko auszusterben für
seltene Arten höher als für häufige, für regional limitierte höher
als für weitverbreitete, für ökologisch anspruchsvolle höher als für
tolerante, für schlecht verbreitungsfähige höher als für welche mit
Flugsamen. Doch das ist heutzutage gar nicht mehr so relevant.
Was häufig war, wurde selten, etwa sämtliche Hochmoorpflanzen.
Die Moore müssen land- und forstwirtschaftlichen Interessen
weichen und werden entwässert. Auch bei uns häufigste Pflanzen
wie die Buchen werden dem Klimawandel kaum trotzen können;
sie müssen deshalb nicht gleich aussterben, aber sie werden wohl
großflächig noch in diesem Jahrhundert verschwinden.

Mit Mooren und Buchenwäldern verschwinden dann nicht
nur Torfmoose und Buchen, sondern eine Vielzahl weiterer Pflanzen, die es nur oder fast nur in Gesellschaft von Torfmoosen oder
Buchen gibt. Wollgräser und Sonnentau in Mooren oder Wald-
meister in Buchenwäldern – zum Beispiel. Pflanzen wie Torfmoose oder manche Baumarten bilden Bestände, sie sind Bildner
oder Charakterarten ganzer Vegetationseinheiten, jeweils mit
speziellen Boden-, Nährstoff- und Klimabedingungen. Diese heimischen Pflanzengemeinschaften, Böden und Standortbedingun-
gen ändern sich gerade schneller, als uns allen lieb ist. Nehmen
wir nur mal wieder die Temperatur als einen von vielen Faktoren,
die sich derzeit rasant ändern:

Was meinen Sie, um wie viel Grad kälter als heute war es in
Mitteleuropa während der letzten Eiszeit? Im Schnitt? 30? 20? 10?
Irgendwie muss es ja auch im Sommer so kalt gewesen sein, dass
die Gletscher über Jahrtausende hinweg nicht schmolzen? Falsch!
Es war wohl nur 5 bis 6 °C kälter, im Schnitt. Das reichte für lange

eisige Winter und kurze Tauperioden im Flachland, während die Gletscher, von Eis und Schnee genährt, Mitteleuropa in die Zange nahmen.

Was wird wohl passieren, wenn wir zur Warmzeit, zum Temperaturstand Anfang des 21. Jahrhunderts mal locker 5 °C draufpacken? Wir backen uns eine Superwarmzeit, eine Heißzeit. Liebe Leserinnen und Leser, das ist keine Wahnvorstellung, sondern genau das, was wir momentan tun! Innerhalb einiger Jahrzehnte verdoppeln wir flugs die Temperaturerhöhung seit der letzten Eiszeit!

Es ist klar, dass das pflanzentechnisch nicht funktioniert, oder? Buchen kannst du lange suchen? Nein, Buchen werden nicht so schnell aussterben, aber viel seltener werden als heute und sich als Wälder in die Mittelgebirge zurückziehen. Gras, Büsche und Kiefern werden auch noch in ein paar Jahrzehnten in tieferen Lagen Mitteleuropas wachsen, und an Land kann der Mensch die Verbreitung resistenter Arten übernehmen. Aber die heutigen weltweit einzigartigen, herrlichen Buchenwälder sind wohl »bald mal weg«. Ihre Funktion als Sauerstoffproduzenten, gierige $CO_2$-Aufnehmer, Holzproduzenten, Bodenbildner, Luft- und Wasserreiniger, Grundwasserbildner, Regenzurückhalter wird unwiederbringlich dahin sein. Die heutige Vielfalt an vergesellschafteten Blümchen auch. Und die Vielfalt spezialisierter Tiere erst recht: Tausende und Abertausende von Arten.

Dasselbe gilt für vielerlei andere durch Pflanzen bestimmte Lebensräume in unseren Breiten. Von 70 Biotoptypen sind bereits zwei Drittel gefährdet, samt ihrer Bewohner. Bald heißt es: Und tschüss!

Besserung ist nicht in Sicht, wie aus den Roten Listen bedrohter Arten und den Zustandsberichten bedrohter und teils auch besonders geschützter Lebensräume zu entnehmen ist.

Schade, ja!

## Pflanzenzukunft

Und was meinen Sie, wie mag es wohl großräumiger mit den
Pflanzen, der Vegetation und ihren tierischen Bewohnern aussehen? Das Klima ändert sich überall, die Vegetation auch.
Boreale Gebiete, also etwa die arktische Tundra, oder borealer Nadelwald, die Taiga, bedeckten riesige Gebiete und waren
artenarm; mit der Erwärmung wandern zusätzliche Arten ein,
ein Umbruch der Vegetation beginnt. Bäume sterben ab, über
Jahrtausende auch in den Böden gespeichertes $CO_2$ wird frei.
Nicht gut!

Überall da, wo es heute schon warm ist, wird es noch wärmer
und, durch höhere Verdunstung und weniger Bewuchs, oft auch
trockener. Sehr vereinfacht würde aus extrem artenreichem
Regenwald im Laufe der Zeit artenärmerer Trockenwald werden. Doch diese Zeit gibt es nicht: Tropenwälder, ob nass oder
trocken, werden abgebrannt und landwirtschaftlich genutzt
oder abgesägt und zu Gartenmöbeln und Grillkohle »veredelt«.
Hunderttausende oft kaum bekannte tropische Pflanzenarten
sind tot oder bedroht. Times they are changin'!

Horror? Ja, aber an Land kann der Mensch die Vegetation
noch relativ gut gestalten, selbst neue Wälder anpflanzen. Im
Meer nicht. Nun mögen zumindest die großen Ozeane ein Stück
weg sein – riesig und für uns wichtig, egal, wo wir leben, ist das
Weltmeer trotzdem!

## Pflanzen im Meer

Wussten Sie, dass es Pflanzen im Wasser gibt? Unglaublich viele
sogar! Wussten Sie, dass man die meisten davon mit bloßem
Auge gar nicht sehen kann, manche kaum mit dem Mikroskop?
Freischwimmende Algen, das sogenannte Phytoplankton, sowie

Tang- und Seegraswiesen bilden gut die Hälfte (!) des weltweiten Sauerstoffs! Wussten Sie, dass das Phytoplankton dabei Unmengen an $CO_2$ bindet und die Futtergrundlage für sämtliche Tiere im offenen Ozean ist, für Milliarden Tonnen an Biomasse inklusive fast sämtlicher Fischereiressourcen? Wussten Sie, dass sich das Phytoplankton verändert, dass immer weniger Sauerstoff produziert und $CO_2$ gebunden wird, dass immer giftigere Arten statt der gut (fr)essbaren dominieren? Wussten Sie, dass wir fast nichts über die Zusammenhänge im Ozean wissen, und nichts, aber auch gar nichts tun können, um solche Vorgänge zu unseren Gunsten zu beeinflussen?

Die Zahl der Algenarten im Meer, ihre Ökologie, ihre Veränderung und die Konsequenzen ist quasi ein unbeschriebenes Forschungsblatt. Wir wissen nur, dass das natürliche System für unser Überleben sehr gut funktioniert hat, während sich momentan alles zum Schlechten verändert – und wir nichts dagegen tun können, außer die globalen Umweltveränderungen einzubremsen und auf ein Mindestmaß abzumildern.

Pflanzen an Land und zu Wasser sind die Grundlage auch unseres Lebens. Sterben die Pflanzen, verarmen und wandeln sich die Lebensräume, ändern sich deren ökologische Funktionen. Ohne geeignete Nahrung und Lebensräume sterben die Tiere.

## Tierisch unbekannte Vielfalt

»Hund, Katze, Maus, Löwe, äh… Kuh!« Mit etwas Nachdenken fallen uns dann noch Elefanten und Fische ein, außerdem alles, was groß ist und gut schmeckt, sowie klein und gemein, also Mücken und vielleicht Zecken. Stimmt nicht?

Sie persönlich mögen viele Tiere kennen, sich für sie und ihre Lebensweise interessieren, nicht nur für Geschmack, Pos-

sierlichkeit oder Nutzen. Aber viele Mitmenschen tun das nicht
mehr. Sie begegnen im Alltag in der Stadt nur mehr sehr wenig
Tieren, und das sind neben den zig Millionen Haustieren nur
selten angenehme Begegnungen, eher die mit Mücken, Zecken
oder Läusen. In der Regel halten wir unsere Umgebung möglichst sauber und tierfrei oder wir sehen in Tieren nur noch den
reinen Nutzwert, zum Kuscheln oder zum Schlachten. Gymna-
siasten lernen in der Schule zwar den Citratzyklus, eine bioche-
mische Grundlage unseres Energiestoffwechsels, aber was vor
der Haustüre kriecht oder krabbelt, das wissen sie nicht mehr.
Und auch nicht, was flattert.

Übertrieben? Leider nein: Gerade ergab eine Studie, dass
Schulkinder im Schnitt nur noch vier Vogelarten erkannten!
Die Spanne reichte von null bis 20 – von insgesamt 260 Brutvo-
gelarten in Deutschland.

### Einfalt statt Vielfalt?

Insekten werden eh immer weniger, insektenfressende Vögel
demzufolge auch. Wieso sollte man sich mit solch altbackenem
und wenig zukunftsfestem Wissen oder Interesse belasten?

Weil es wohl Billionen und Billiarden von Tieren in Deutschland gibt. Mit gewaltigem Appetit! Sie fressen proteinarme
Pflanzen und wandeln sie, oft mithilfe von Bakterien, in eigene
Proteine um. Mit gewaltiger Biomasse, etwa als Nahrung für
andere Tiere und uns. Mit gewaltigem Einfluss auf ihre Umgebung. So sind Kleintierchen unverzichtbar bei der Bodenbildung – ohne Springschwänze, Milben und Schneckchen würde
sich das Laub in den Wäldern bald meterhoch auftürmen!

Selbst wenn wir die deutsche Tierwelt mit Interesse und
Vorwissen betrachten, unterschätzen wir wohl die Artenvielfalt: Etwa 48.000 Tierarten gibt es in Deutschland. Zumindest

gab es sie einmal bei uns, denn viele der über Jahrhunderte hinweg gefundenen und beschriebenen Arten wurden seither nicht noch einmal gesehen. Von Land- und Süßwasserschnecken etwa sind ungefähr 300 Arten aus Deutschland bekannt. Etwas über die Hälfte der Arten konnten wir für genetische Studien wiederfinden, die anderen noch nicht. Nur selten oder schon futsch?

Etwa zwei Drittel der Schnecken und Muscheln an Land sind bedroht bis ausgestorben! Damit rangieren heimische Weichtiere auf Platz eins der Todesliste bei den Tierstämmen. Nur rotbraune Wegschnecken sind häufig und beim Gärtnern lästig – sie prägen dadurch das falsche Bild: »Den Schnecken geht's doch viel zu gut!« Dem ist nicht so, denn viele Arten sind ökologisch spezialisiert und sprichwörtlich langsam, können also, ähnlich wie Pflanzen, nicht einfach in geeignetere Gebiete abwandern, wenn es »daheim« nicht mehr passt. Tröstlich: Solche Arten eignen sich als Bioindikatoren, sie zeigen durch ihren Tod oder ihr Aussterben Umweltveränderungen an.

Gleich danach auf der Todesliste rangieren Tagfalter, Libellen und Ameisen, Reptilien, Amphibien, Vögel, Säugetiere und Süßwasserfische. Über die Hälfte der heimischen Arten all dieser Gruppen sind bedroht oder so gut wie ausgestorben! Ein Drama, das nur die allerwenigsten Menschen interessiert!

## Wieder daheim

Viel lieber erzählen und hören wir doch Erfolgsgeschichten: Der Uhu brütet im Isartal, Luchse und Wildkatzen gibt es auch wieder. Ei, was haben wir kollektiven Naturschützer das doch fein gemacht!

Nur stören sollen uns all die wilden Viecher bitte nicht! Alle Welt redet über einzelne verirrte Braunbären, ein paar Wölfe oder inzwischen einige Hundert Biber, die sich mühsam wieder in ihrem alten Stammesgebiet ausbreiten. Sobald ein wirtschaftlicher Schaden droht, ist es mit der Tierliebe vorbei. Der von Italien über die Alpen bis ins schöne Bayern gewanderte Bär Bruno wird zum »Problembär« ernannt, weil er sich vor Menschen nicht fürchte und gefährlich sei. Und doch konnte er erst nach langer Pirsch gestellt und abgeschossen werden. Böser Bruno!

Wölfe sind anerkanntermaßen menschenscheu, aber reißen alle paar Tage irgendwo in Deutschland ein paar Schafe, na und? Was sollen sie machen, im Wald den nicht weniger empörten Jägern die Rehe wegschnappen oder gleich Vegetarier werden? Die geschädigten Viehzüchter werden jedenfalls entschädigt, das ist auch gut so. In der Debatte kommt das minimale Schadenspotenzial der Wölfe nicht an. Ständig kommen Menschen durch wild gewordene Haushunde oder rasende Autofahrer zu Schaden, durch Wölfe nicht. Insgeheim treibt uns aber die völlig unberechtigte Angst vor dem bösen Wolf um. Das wissen manche Interessensgruppen und Medien auszunutzen. Arme böse Wölfe, aber leider müssen wir euch jetzt auch abschießen!

Und die Biber? Sie waren früher die Baumeister und Gestalter riesiger Auengebiete. Dann wurden sie gejagt – als Wassertiere galten sie den Mönchen als Fisch und durften dadurch selbst in der Fastenzeit gegessen werden – und gewildert und waren so gut wie ausgestorben. Dann wurden sie wieder angesiedelt. Die Biber nahmen die Einladung an. Heute bauen sie Dämme, wo dafür kein Platz ist, nagen frech Bäume an, die ihnen nicht »gehören«, und untergraben die Ufer – und damit die Geduld von Bach- und Waldbesitzern. Auch den bissigen Bibern geht's nun an den Kragen, obwohl sie putzig sind, extra ausgewildert wurden und einer geschützten Art angehören. Das haben sie nun davon, böse, bissige Biber!

Auch noch putzigere Fischotter sind mittlerweile wieder häufiger und böser, denn sie fressen Fische aus Teichen.

Warum also nicht ein paar Teichwirte entschädigen und Otter ottern lassen – oder sie sogar dabei beobachten? Luchse sind noch nicht offiziell böse, soweit ich weiß, werden aber auch erschossen.

## Status quo oder so?

48.000 Tierarten, laut Listen des Bundesamtes für Naturschutz, minus X. Das X steht für die vermissten, verschollenen und seit Jahren oder Jahrzehnten nicht wiedergefundenen Arten. Ruhen sie sanft!

Vielleicht gibt es aber auch viel mehr Tierarten bei uns? Wer kennt alle Milben und Springschwänze in den Böden, alle Silberfischchen, Fliegen, Zuckmücken, Pflanzenwespen, alle Schneckchen des Grundwassers oder der Gebirge? Niemand. Nicht mal bei uns im vergleichsweise wohlerforschten Deutschland wissen wir Bescheid über die Gesamtfauna.

Im 21. Jahrhundert, in der Blütezeit der Wissenschaft mit Millionen von Forschern und Entwicklern in aller Welt gibt es leider immer weniger Zoologen und Taxonomen, die sich mit solchen artenreichen Gruppen auskennen. Immer weniger Profis an Universitäten und Museen.

»Immer weniger« ist hierbei ein reiner Euphemismus: An Unis gibt es praktisch gar keine Taxonomen mehr, und an Museen waren es nie mehr als ein paar Dutzend in ganz Deutschland. Nicht einmal das grassierende katastrophale Artensterben wird als Anlass zur Artenforschung gesehen, weil zu viele Entscheider meinen, man wisse ja eh schon alles. Artenzahlen, Häufigkeit, Prognosen, zukünftige Wanderkorridore, notwendige Biotopverknüpfungen und Neueinwanderer, das steht ja längst alles in »Brehms Tierleben«? Quatsch, denn nicht von den meisten Arten, sondern von den allerwenigsten Arten

wissen wir, wie viele es wo gibt, was sie fressen und im Ökosystem tun, oder wie man sie sicher bestimmen kann! Und so
schnell und effizient man heutzutage Arten und ihre Veränderungen per DNA-Analysen durch Labortechniker und mithilfe
von genetischen Barcodes nachweisen kann, so nötig braucht
man doch die grundlegenden Informationen für Artbestim-
mung und die biologischen Daten, etwa zu Nahrung und Verhalten.

All das sollten wir schleunigst in Erfahrung bringen, solange
es diese Tierchen und Arten noch gibt, denn sie sind das Fun-
dament unserer Ökosysteme, die unbekannten Schnittstellen
der Nahrungsnetze, die mehr oder weniger flexiblen Stabili-
satoren aller »Ökosystemleistungen«. Nahrung, Bestäubung,
Wasserreinigung, Stoffumsätze, Humuserzeugung, all das leisten unzählige Tierchen, deren Bedeutung wir erst schätzen
werden, wenn es sie nicht mehr gibt. Wie resilient, also wider-
standsfähig, reagiert ein Laubwaldboden auf Temperaturanstieg, Spätfröste, Starkregen, Überschwemmungen? Je mehr
Arten vorhanden sind, desto robuster die Reaktion auf und
desto besser die Erholung nach Störungen, glaubt man zumindest.

*»Damit Artenforscher\*innen nicht noch schneller aussterben, als
die Arten, die sie erforschen!«, so Dr. Anton Hofreiter, Chef der
Bundestagsfraktion der Grünen und gelernter Artenforscher.*

*Er unterstützt unsere Petition für Artenforschung und gegen Ar-
tensterben: www.change.org/artensterben.*

*Machen Sie mit! Überzeugen Sie Freunde, Bekannte, Kollegen!
Machen Sie Druck in Vereinen, Organisationen, Parteien, und
natürlich auch in den Kirchen!*

## Sicherheit ist eine Illusion …

Die offizielle Prognose ist alarmierend: Minus 30 Prozent Artenvielfalt der Tiere Deutschlands, bis 2050! Nun sind Wissenschaftler meist konservativ in ihren Berechnungen und Ämter und Behörden besonders vorsichtig mit publizierten Prognosen. Insbesondere wenn sich kostspieliger oder unbeliebter Handlungsbedarf daraus ableiten ließe. Also dürfen wir getrost davon ausgehen, dass nicht mal die Hälfte der heimischen Arten die zweite Halbzeit des Endspiels um das Überleben im 21. Jahrhundert erreicht! Wenn irgendwer unter solchen Szenarien das Jahr 2050 erlebt. Was uns lieber auch niemand sagt.

Wir fuhren über Land und mussten die Autoscheiben öfter von Insektenresten reinigen, als uns lieb war. Um die natürlicherweise fruchtbaren Felder herum gab es üppig blühende breite Randstreifen mit bunten Schmetterlingen, die Hasen hoppelten über die Felder, überall waren Hecken und Tümpel und Steinhäufen mit vielerlei Getier. Wo immer wir wohnten, wir öffneten ein Fenster und sahen Vögel. Nicht nur Krähen, Großstadttauben und ab und zu eine Amsel. Spatzen und Mauersegler waren allgegenwärtig in der Stadt, Schwalben und Goldammern auf dem Land.

Das war einmal!

Man hört sie kaum mehr, es gibt sie kaum mehr. Auch keine Feldlerchen oder Kiebitze, nicht mal Rebhühner im Gebüsch. Es gibt ja auch kein Gebüsch mehr. Von Seltenheiten wie dem großen Brachvogel und vielen anderen Wiesenbrütern ganz zu schweigen. Es gibt ja auch keine Wiesen mehr. Denn das, was Sie vielleicht als Wiese ansehen, ist mittlerweile fast überall ein vollgedüngter Hochleistungsschnittrasen für Silage für Hochleistungsmilchkühe, die weder Wiesen noch die Sonne jemals sehen, deren Rieseneuter bedrohlich geschwollen zu

Boden hängen und deren »Kuhsubstanz« nach vier Jahren aufgebraucht ist.

Kein Tier, keine Pflanze kann ohne geeignete Lebensräume
überleben, und die sind mindestens genauso bedroht wie die
Arten.

Oh, halt, bevor wir zu den Lebensräumen, ihrem Zustand
und ihrer Bedrohung kommen: Pflanzen produzieren Biomasse, Tiere konsumieren und produzieren, aber wer baut all
die viele pflanzliche und tierische Biomasse wieder ab, die nicht
in Hochmooren konserviert oder als Meeresschlamm abge-
lagert und später vielleicht einmal zu fossilen Energieträgern
gepresst wird?

## Wundersame Welt der Mikroben

Es sind die Pilze, Einzeller und Bakterien, allerlei Mikroben,
von denen Sie und ich keine Ahnung haben – und die Wissenschaft im Wesentlichen auch nicht.

Wie, Sie kennen doch Pilze? Die Sporenträger weniger Arten
vielleicht, die meisten Pilze aber sind klein und unscheinbar.
Sind Auslöser von Pflanzenkrankheiten (Rostpilze etwa), para-
sitieren an Pflanzen und Tieren, sind Hefen und machen Bier
genauso wie Entzündungen am Baby-Popo. Viele Pilze bauen
einfach nur totes Pflanzenmaterial ab und sind unverzichtbar
im Recycling von Nährstoffen in den Böden. Es gibt aber noch
andere, extrem bedeutsame Klassen von Pilzen, die Beziehungen mit anderen Organismen eingehen. Dies sind zum einen
die Flechten, Mischorganismen aus Algen und Pilzen, die dank
Pilzpartner an sehr nährstoffarmen Standorten überdauern und
dank Algen Fotosynthese betreiben können. Und, noch viel
wichtiger, Pilze sind an den Wurzeln fast aller höheren Pflanzen als Partner zur Nährstoffgewinnung beteiligt. 90 Prozent

der Landpflanzen bilden mit Pilzen einen sehr engen Verbund, der Mykorrhiza genannt wird. Pflanzen haben keine Wurzeln, sondern Mykorrhiza, so überzeichnen es manche Experten. Ohne solche Pilze und ihre uralte Symbiose mit Pflanzen gäbe es unsere Vegetation nicht! Ohne Pilze hätte es vielleicht nicht mal den Landgang der Pflanzen gegeben, und den von uns Tierchen auch nicht. Was solchen Pilzen schadet, Fungizide zum Beispiel, schadet den Pflanzen, den Tieren – und natürlich uns.

Man kennt rund 14.000 Pilzarten in Deutschland, doch die Dunkelziffer ist sehr hoch! Erstaunlich, wenn man bedenkt, was Pilze alles können, und was verloren ginge ohne sie. Da wäre die Erkenntnis, dass Pflanzenwachstum oft durch Phosphate limitiert wird und Kulturpflanzen deshalb oft kräftig mit Phosphat gedüngt werden. Doch die Vorräte an Land sind endlich und reichen wohl nur noch ein paar Jahrzehnte. Wie es danach mit der industriellen Landwirtschaft weitergehen soll … man weiß es nicht. Wie gut, dass Mykorrhizen Phosphate auch sehr gut aus den Böden aufnehmen können, wenn man sie lässt. Wie die pilzlichen Helferlein verschiedener Pflanzen wohl auf den Wandel von Klima und Bodenfeuchte reagieren, auf die intensive Bodenbearbeitung, auf immer mehr Spritzmittel? Zur Bedrohung von Pilzarten fehlen die Daten. Wir ahnen nichts Gutes …

Es gibt noch viele nützliche Mikroben im Boden, die allerlei Giftiges abbauen und Nützliches aufbauen: Manche Bakterien können Stickstoff aus der Luft in Nährsalze für Pflanzen umwandeln, sie leben als sogenannte Knöllchenbakterien eng mit der Pflanze zusammen, darauf basiert das seit Jahrhunderten bekannte Prinzip der Gründüngung mit Leguminosen. Wie Bakterien wohl auf die mittlerweile fast überall nachgewiesenen Antibiotika reagieren? Andere Bakterien bauen ein Zuviel an Nitrat, aus zu viel Gülledüngung etwa, wieder zu Stickstoff oder

zu stickstoffhaltigen Gasen ab, also zu Stickoxiden und insbesondere dem sehr klimawirksamen Lachgas.

Wir sind erst am Anfang der bodenmikrobiellen Forschungen. Sicher ist: Die richtige Mischung von Mikroben bewirkt
eine gute Krümelstruktur der Böden, und diese ist entschei-
dend für die langfristige Fruchtbarkeit und die Resistenz gegen
Erosion der Böden durch Wasser und Wind. Manche Mikroben sind sehr aktiv, andere überdauern Jahre oder Jahrzehnte,
bis sie erwachen und sich an ihr Werk machen, was immer das
genau ist. Je vielfältiger die Bodenfauna und -flora, desto besser
bei Änderungen der Bedingungen und Störungen. Dieses Motto
kennen Sie nun bereits.

Und im Meer? Die Meeresmikrobiologie hat schon viel gefun-
den und steht doch noch ganz am Anfang. Es mag Millionen,
ja Hunderte von Millionen Arten von Meeresmikroben geben.
Noch. Viele davon sind äußerst nützlich, bauen sie doch giftigste
Ölschlämme und andere Chemikalien ab oder schenken der Gentechnik Enzyme, die auch bei hohen Temperaturen und hohem
Druck noch funktionieren. Sterben gerade Tiefseemikroben aus?
Wahrscheinlich. Wie viele? Keine Ahnung! Was tun sie jeden
Tag, und was könnten sie für uns noch Gutes tun? Niemand weiß
es. Was immer an Artenvielfalt im Meer verloren geht, wir werden es nur daran erkennen, dass etwas nicht mehr so funktioniert
wie früher. Dass Nährstoffe, Tiere, Pflanzen oder Lebensräume
verschwinden oder einige Giftstoffe leider nicht mehr – mit all
den unguten Konsequenzen für das Meer und für uns.

Klingt nach Trübsal? Nein, ich mag die Mikroben, denn sie
sind echte Hoffnungsträger. Letztlich werden es Mikroben tief
im Meer, tief im Boden und im Gestein sein, die uns Menschen
und unseren selbst gemachten Super-GAU überleben werden.
Selbst wenn wir uns so richtig »bemühen«, Atomkriege ent-
fesseln und Biowaffen bauen, die sämtliche Zellen und sämtli-

che DNA zerfressen: Irgendwo ganz tief unten schlummern die
Bausteine des Lebens, vermehren sich und überdauern alles, was
an der Erdoberfläche oder auch in den Ozeanen passieren mag.
Und irgendwann, vielleicht auch erst in Hunderten Millionen
Jahren, kommen sie wieder ans Licht, und eine neue Evolution
am Sonnenlicht beginnt. Ob sich diese entfernten Verwandten
klüger anstellen als wir?

**Ich denke, Ihnen ist Folgendes inzwischen klar
geworden: Nicht die Natur hat ein Problem,
nicht einmal die belebte Natur hat ein Problem,
sondern wir Menschen!**

# Wenn der Lebensraum stirbt

Wer kennt schon alle Tierarten und Pflanzen, Pilze und Mikroben in Deutschland? Niemand. Doch weiß man, dass sie in
Gemeinschaften zusammenleben, in ganz bestimmten Lebensräumen, die die Organismen auch selber mitgestalten. 70 gröbere und 690 feinere Lebensraumtypen unterscheidet man in
Deutschland, von Küstendünen über Seggenriede bis zu Laub-
mischwäldern und -forsten: Viele Arten leben nur in einem Typ.
Verschwindet dieser, sind die entsprechenden Arten auch weg.
Ich erwähnte es bereits: Zwei Drittel dieser Lebensraumtypen
sind bedroht, manche schon praktisch verschwunden. Betrachtet man noch feiner definierte Gedeih-und-Verderbeinheiten,
schaut es noch übler aus. 80 Prozent sämtlicher Biotoptypen ist
in schlechtem Zustand, und rund ein Viertel gilt bereits als nicht
mehr oder kaum regenerierbar.

Man kann auch Landschaftstypen, also typische großflächige
Mischungen aus verschiedenen Lebensräumen betrachten. Von

den 858 deutschen Typen sind über die Hälfte schützenswert, mit einer Gesamtfläche von etwa 23 Prozent vom Bundesgebiet. Und wer schützt nun diese Landschaften samt ihren Bewohnern? Niemand, jedenfalls nicht wirksam genug, denn die Liste der bedrohten Arten wird immer länger.

Nun sind die vielen Biotoptypen für Laien immer noch sehr speziell. Wer kennt schon Großseggenriede und sorgt sich darum? Deshalb will ich hier einige gröbere »Natur«-Einheiten besprechen, die hoffentlich noch jeder kennt:

## Deutsche Baumplantagen

Der deutsche Wald, Zentrum so vieler Märchen, Balladen und Lieder. Schrecken der Römer, Sehnsuchtsort für gestresste Städter, Thema von romantischen oder kriminologischen Bestsellern. Der dichte deutsche Wald – er ist meist gar keiner!

Gut 30 Prozent von Deutschland ist »bebaumt«, Tendenz leicht steigend. Der Urwaldanteil, also Gebiete, in denen die Bäume wachsen können, wie sie wollen, ist jedoch minimal. Wälder mit richtig alten Bäumen, wie in Teilen des Spessarts, sind also selten. Unter Schutz stellen will man sie trotzdem nicht, könnte ja ein wenig Geld kosten und Unmut bei einheimischen Forstunternehmern hervorrufen. Und sanfte Ökotouristen bringen. Und bedrohte Arten wie den Hirschkäfer retten …

Aber egal: Was für den Forstwirt offenbar mehr zählt, ist der vermeintlich sichere und maximale Profit. Verständlich, wenn man davon leben und sowieso über viele Jahrzehnte im Voraus planen muss. Unverständlich, dass der Staat die Urwälder nicht schützen hilft und etwaige Verluste ausgleicht. Das wäre ein Leichtes. Aber seit wann geht es vorrangig um Natur, um Nachhaltigkeit und Vernunft? Bleibt die Frage, wie wirtschaftlich Wirtschaftswälder in einem wandelnden Klima überhaupt noch sein können. Dienen sie nicht längst vorwiegend anderen Bedürfnissen, wie guter Luft, angenehmem Lokalklima, als Rückzugsraum – also dem Gemeinwohl?

Auch in Nationalparks, wie im Bayrischen Wald oder in den Berchtesgadener Alpen, sind die Wildwuchswälder noch recht jung und sollen sich von menschlichen Eingriffen ungestört in den nächsten Jahrhunderten, denn so lange dauert das, zu richtigen Urwäldern entwickeln. Solche gibt es in Europa nur noch etwa in Nordostpolen und dem benachbarten Weißrussland sowie in einigen Balkanregionen. Noch, denn uralte Harthölzer sind wertvolle Furnier- oder Bauhölzer, und alles andere kann man flugs zu Brennholz oder Holzkohle umwandeln, wenn der Staat mal nicht hinschaut oder die Abholzung der letzten und wertvollsten Urwälder Europas sogar will, wie kürzlich in Polen. Im Białowieża-Nationalpark, dem letzten Tiefland-Urwald Europas, Heim für Wisente und etwa 5500 Pflanzenarten, wurde auf Geheiß der polnischen Regierung großflächig gerodet, aus reiner Profitgier; erst eine Millionenklage der EU gebot dem Wahnsinn kürzlich Einhalt.

Der deutsche Wald, ob in der norddeutschen Tiefebene oder in den Alpen, wurde und wird fast ausnahmslos bewirtschaftet. Waren deutsche Urwälder zur Römerzeit noch wild und kaum genutzt, wurden die Wälder im Mittelalter oft schon intensiv bewirtschaftet: Weiden und Eschen wurden immer wieder zurückgeschnitten und lange Triebe als Bau- und Brennholz verwendet. Eichenwälder waren beliebt zur Fütterung von Schweinen, die man im Wald hielt. Richtig alte Bäume durften in Wäldern von Adeligen oder Klöstern wachsen, nicht aber im Gemeindewald, der aus Not von allen oft auch übernutzt wurde. Waldweide, auch von Kühen, Schafen und Ziegen, schaffte Flächen mit Nährstoffmangel, an denen sich auch kleine und wenig konkurrenzstarke Pflanzen und die entsprechenden Tiere ansie-

deln konnten. Im kleinräumigen Durcheinander gab es ausreichend Wildwuchs für eine artenreiche Flora und Fauna.

Nach dem Mittelalter stellte man überall auf mehr oder
weniger gewinnorientierten Forstbetrieb um, auf Monokulturen, und pflanzte in Reih und Glied Arten, die schnell wachsen und gerades Bauholz liefern, also an vielen Standorten
Fichten und eingeführte Arten wie Douglasien. Die dunklen
»Tannenwälder« sind also meist dunkle Fichtenforste, sie bedecken immer noch etwa die Hälfte der Waldfläche, dazu kommen Mischforste mit hohem Fichtenanteil. Nadelbäume führen
über ihre nährstoffarmen und säurereichen Nadeln zu einer
Versauerung und Verarmung der Waldböden. Zudem kommt
kaum Licht zum Waldboden, der Bewuchs und die Artenvielfalt in der Fichtenkultur ist demzufolge sehr dürftig. Fichtenforste im Flachland sind Holzproduktionsstätten, man kann im
Herbst Pilze sammeln, doch für den Artenschutz bringen sie
wenig. Sie sind industrielle Holzplantagen, sozusagen die Mais-
äcker der Wälder, nur werden sie seltener gespritzt, nicht extra
gedüngt und filtern brav den Staub aus der Luft. Und sie binden
$CO_2$. So sind die riesigen Taiga-Nadelwälder samt ihrer Bodenstreu und Humusschicht die wichtigsten $CO_2$-Speicher weltweit; noch, denn mit der Erwärmung Kanadas, Skandinaviens
und Sibiriens werden sie nach und nach verschwinden – oder
bei Trockenheit abbrennen, wie es schon jetzt überall passiert
und in Südsibirien in den letzten Jahren immer wieder in ver-
heerendem Ausmaß passierte, weitgehend unbemerkt von der
Weltöffentlichkeit. Da hierbei kultivierbares Ackerland zurück-
bleibt, dürften die entstehenden Brand- und Klimagase in Sibirien toleriert werden, global gesehen ist das fatal.

Auch in Mitteleuropa sind Fichtenforste im Flachland wohl
ein Auslaufmodell, denn Fichten sind Flachwurzler und vertragen zwar Kälte recht gut, aber weder Dürren noch Hitze noch

stehendes Wasser nach zu viel Niederschlag. Sind die Bäume
geschwächt, werden sie Beute für Fäulnispilze oder Bakterien und
natürlich auch für den berühmten Borkenkäfer. Gegen den würden natürliche Fressfeinde helfen, etwa eine Vielzahl von Lauf-
käfern und Hautflüglern, aber die gibt es in den Holzplantagen
kaum. Kommen Stürme, neigen die Fichten dazu, samt Wurzel-
stock umzukippen, oder sie knicken am Stamm streichholzartig
ab. Gut so für die Artenvielfalt, denn was nach den Fichtenmono-
kulturen kommt, kann eigentlich nur besser werden. Oder?

Fällte man die Forstbäume und ließe der Natur ihren Lauf,
würden sich je nach Klima und Bodenbeschaffenheit Arten
durchsetzen, die am jeweiligen Standort auch natürlicherweise
vorkommen würden; im Flachland wären das überwiegend
Buchen, aber stellenweise auch Eichen und andere Laubbäume.
Buchen und Eichen sind wirtschaftlich interessante Harthölzer,
die jedoch bis zur Holzernte lange wachsen müssen. Laubwald-
bauern mussten oft 100 Jahre warten, bis die Laubbäume schlag-
reif waren, mittlerweile wachsen die Bäume dank $CO_2$- und
Stickstoffdüngung viel schneller. Ob die Bäume durch schnel-
leres Höhenwachstum robuster gegen Klimawandel und Sturm-
schäden werden? Vermutlich nicht.

Gut 30 Prozent der Fläche Deutschlands ist bewaldet oder
beforstet. Die Laubwälder sind groß (31 Prozent der Waldfläche) und werden nicht sehr intensiv genutzt, sind im Frühjahr
lichtdurchflutet und bieten reichlich Bodenbewuchs. Viele seltene Arten finden ihr Plätzchen und bleiben ungestört. Insbesondere die Laub-, Misch- und Bergwälder beherbergen einen
großen Anteil heimischer Pflanzen- und Tierarten. In nur vier
Naturwaldreservaten fanden sich schon knapp 6000 Tierarten,
von 42.000 an Land. Über 4000 Arten von Pflanzen und Pilzen
kommen allein in Buchenwäldern vor, nur relativ wenige davon
sind bedroht. Naturnahe Wälder gelten zu Recht noch als Hort

der Naturnähe und Artenstabilität. Aber wie sieht die Zukunft der Teutonenwälder aus?

Miserabel!

Ganz klar: Die Wälder waren bisher der Puffer gegen das Artensterben in Deutschland, doch das werden sie bald nicht mehr sein!

———————————— WALDSTERBEN TEIL 1 ————————————

*Im rauen Bergland kommen Tannen, Fichten, Lärchen zusammen mit einigen Buchen und Ahorn gut mit den Verhältnissen klar. Hier bilden überwiegend Nadelwälder die natürliche Vegetation, der Waldboden bleibt das ganze Jahr über dunkel. Deshalb gibt es weniger Unterwuchs und weniger Pflanzen- und Tierarten im Nadelwald, dafür aber einige Spezialisten, die mit den sauren Waldböden umgehen können. Im Bergland brauchen Nadelbäume zum Wachsen ihre Zeit; bei steigenden Temperaturen legen sie aber an Tempo zu. Nadelwälder in Bergregionen litten stark unter säurehaltiger Luft aus Abgasen von Kohlekraftwerken und Kraftfahrzeugen.*

*In den 1980er-Jahren war das »neuartige Waldsterben« ein Megathema, das Ende der Mittelgebirgswälder spätestens zum Jahr 2000 wurde prophezeit.*

*»Und, steht doch noch! Grüne Panikmacher!«, höre ich heute noch gelegentlich.*

*Ja, die Wälder stehen noch, weil seit den späten 80ern Schwefelfilter und Katalysatoren etwa 90 Prozent der sauren Regen bildenden Schwefeldioxide und Stickoxide aus den Abgasen entfernt wurden. Sieg der Technik? Triumph der Vernunft? Von wegen. Die Technik dazu gab es längst, man wollte sie aus Kostengründen nur nicht verwenden und hat seitens der Energiewirtschaft, der Kraftfahrzeugindustrie und der Politik fahrlässig und profitgierig so lange gezögert, bis es wirklich nicht anders ging. Das war ein riesiges Freiland-Experiment mit hohem, eigentlich unberechenbarem Risiko, und es ging gerade noch gut.*

*So gut übrigens auch nicht: Etwa 70 Prozent der Laubbäume und über die Hälfte der Nadelbäume zeigen immer noch Schäden! Obwohl die Bäume in schlechtestem Zustand regelmäßig entfernt werden, also gar nicht mehr in der Bilanz auftauchen.*

*Fortsetzung folgt: Waldsterben Teil 2*

*Jetzt erst recht: Unterstützt durch Klimawandel – ist in Produktion!*

---

## Waldränder, Feldgehölze und Hecken

Hier herrscht üppiger Pflanzenbewuchs von Gräsern und Kräutern. Über Büsche bis hin zu Bäumen gibt es reichlich dreidimensionale Struktur, Totholz, Gestrüpp, Nahrung und Verstecke, und damit die größte Vielfalt an Pflanzen und Tieren. Theoretisch, wenn nicht nebenan die Felder gespritzt, die Wiesen gedüngt und die wertvollen Randzonen umgepflügt oder ganz beseitigt werden. Was leider der Fall war und ist: Trennten früher breite Wegränder, Heckenstreifen oder Baumreihen fast sämtliche Grundstücke, Felder und Wiesen, sind sie im Zuge der Flurbereinigung weitgehend verschwunden. Traurige Reste gibt es nur noch vereinzelt, auch wenn sich Naturschützer bemühen und neue Hecken pflanzen, ist das nur ein Tropfen auf den heißen Stein. Was die wenigsten wissen: Nur etwa die Hälfte der gespritzten Pestizide bleibt auf dem Acker. Der Rest wird großteils schon beim Spritzen mit dem Wind verweht – über Hunderte Meter, ja Kilometer entfernt können noch Pestizide gemessen werden, ausgewaschen landen sie entweder im Grundwasser oder über den nächsten Bach, Weiher und Fluss im Meer.

Weder in der Hecke noch im Gewässer freuen sich die Bewohner über Glyphosat und Konsorten. Apropos Glyphosat: Krebserregend oder nicht, das Zeug ist anerkanntermaßen giftig für Gewässerorganismen, schädlich für die Augen und darf trotzdem weiter munter in die Landschaft gesprüht werden: 5000 Tonnen Wirkstoff pro Jahr in Deutschland. In den Rainen entlang der intensiv genutzten Äcker gibt es nur deshalb noch einige seltene Arten, weil das die früher häufigen Arten wie Rebhühner und Feldhasen sind!

Dank verschiedenster Pflanzen und Tiere sind diese Lebensräume nicht so sehr vom Klimawandel bedroht, sondern hauptsächlich direkt von der menschlichen Ordnungswut, Habgier und Freude am Ackergift, die von der Agrochemie-Industrie heftigst gefördert und von unserer Landwirtschaftspolitik »nicht entschlossen genug unterbunden wird«. Kleiner Scherz am Rande. Aus Sicht der Landwirte kostet es einfach mehr, viele kleine Flächen statt einer großen zu bewirtschaften, ist unbequemer und dauert länger. Außerdem gibt es für Wildwuchs kaum Subventionen von der EU, für schöne große Industrieäcker schon.

### Äcker, ein weites Feld!

Wie, da soll irgendwo Artenvielfalt sein? Zwischen Maisfabrik und Feldweg passt doch heute kein Löwenzahn mehr? Stimmt, aber – für die Jüngeren unter Ihnen – Felder waren früher tatsächlich artenreich und hatten breite, sehr schön bunte Ränder, in denen das Leben nur so wuselte! Heute werden Felder bis zur Schmerzgrenze der Straßenbauer getrieben, oft illegal auf Gemeindegrund, und intensiv mit Kunstdünger und Spritzmitteln behandelt, um maximale Erträge zu erzielen. Besonders lohnend sind Energiepflanzen, zur Herstellung von »regenerativen« Treibstoffen. Momentan dienen etwa 18 Prozent der Ackerfläche in Deutschland der Verschlimmbesserung der $CO_2$-Bilanz: Denn was durch die Treibstoffe vom Acker an Treibhausgasen eingespart wird, geht an Humusböden bei uns und in Form verwüsteter Regenwälder für ersatzweises Tierfutter woanders wieder verloren.

Aber bleiben wir in Deutschland. Für fragwürdigen Klimaschutz aus »Biotreibstoffen« der sogenannten »Ersten Generation« haben wir uns Maiswüsten eingehandelt, in denen Regenwürmer verhungern. Und intensiv gedüngte und heftig gespritzte Getreide-, Raps- und Sonnenblumenfelder, die zwar hübscher aussehen, aber nicht hübscher sind. Tank statt Teller auch bei uns? Ich meine ja, denn wir importieren Futterpflanzen, insbesondere Soja, von fünf Millionen Hektar gerodeter Waldfläche aus Südamerika, jedes Jahr.

Damit keine Missverständnisse entstehen: »Bioenergie« aus Gülle, Pflanzenresten oder von Flächen, die nicht anders nutzbar wären, könnte sinnvoll sein, wenn auf energieintensiven Kunstdünger, Spritzmittel, außereuropäische Futtermittel, Antibiotika, Massentierhaltung etc. verzichtet würde. Das ist bisher aber die Ausnahme.

Äcker finden sich auf etwa 35 Prozent der deutschen Landfläche. Früher waren sie Heimat vielfältigen Lebens. Heute sind sie riesige, weitgehend leblose Wüsten. Ein durchschnittliches Maisfeld wird gepflügt, gedüngt und gesät – mit gebeiztem, also giftigem Saatgut natürlich. Danach wird es mindestens ein- bis zweimal gespritzt. Dabei werden oft vielerlei Chemikalien kombiniert, darunter Herbizide und bei Bedarf Insektenvernichtungsmittel. Und dann wird alles ratzeputz geerntet, und das Ganze geht von vorn los. So eine Prozedur überlebt man nicht, wenn man ein Schmetterling, ein Kiebitz oder ein Feldhamster ist. Im günstigsten Fall nimmt man Reißaus und versucht sein Glück anderswo. Aber wo denn nur? Sieht ja mittlerweile überall gleich aus. Vormals häufige Ackerkräuter und Tiere offener Felder, wie Kiebitze und Hasen, gehören zu den größten Verlierern. Und wir Menschen.

## Flüssigtod: Pestizide

Was Landwirte und Agrarkonzerne als Pflanzenschutzmittel bezeichnet haben wollen, sind handfeste Vernichtungsmittel für »Schadorganismen«, also Gifte für Pflanz und Tier, Pilz und Bakterium: schlicht Pestizide. Sie wissen ja nun, dass konventionelle Maisfelder mehrmals gespritzt werden. Wobei es natürlich darauf ankommt, was in welcher Menge gespritzt wird. Manche Maisfelder kommen mit ein oder zwei Herbizidmischungen gegen »Unkräuter« aus, solange der Mais noch klein ist, andere nicht. Mais wächst danach vergleichsweise schnell und unproblematisch. Weizen wird deutlich öfter mit der ganzen Palette gegen Pilze, Unkräuter und Schädlinge gespritzt, zusätzlich kommen Düngemittel und oft noch andere Substanzen etwa zur »gleichmäßigen Reifung« zum Einsatz. Getreide werden, wie etwa auch Sonnenblumen, oft noch kurz vor der Ernte mit Herbiziden geduscht, damit die Pflanzen verdorren und gut geerntet werden können. Leckeres Tierfutter? Aber halt, essen wir Menschen nicht auch Mais, Getreide, Rapsöl oder Sonnenblumenkerne? Tun wir, mitsamt den noch nicht abgebauten Pestiziden.

Oder essen Sie lieber Kartoffeln und Gemüse? Ganz fein! Oder doch schlecht für Sie, denn konventionell erzeugte Kartoffeln oder Gemüse werden oft 20-mal oder noch öfter gespritzt.

Wer, bitte, will so ein Zeug noch essen? Selbst wenn Sie den Zulassungsanforderungen und den geheim gehaltenen herstellerinternen Forschungen zur Unbedenklichkeit von Pestiziden vertrauen und auf die äußerst sporadischen Lebensmittelkontrollen für Produkte aus konventioneller Landwirtschaft und die Einhaltung der Grenzwerte für einzelne Pestizidwirkstoffe setzen sollten. Bedenken Sie, dass es für das Gesamtpaket von Pestiziden und ihren Hilfsstoffen keine Grenzwerte gibt und folglich auch kaum Studien und keine amtlichen Kontrollen! Darf's noch etwas mehr sein?

Der landaus, landein versprühte Giftcocktail zerstört nicht nur Unkraut oder Schädlinge, er schädigt alles an Pflanzen und Tieren, direkt und heftig oder über Umwege und schleichend. Beweise erwünscht?

Die bienengiftigen Neonicotinoide, Verwandte des Nikotins aus Tabak, etwa sind als Nervengifte in Verruf gekommen. Es heißt, die »Neonics« seien für Insekten viel giftiger als für uns, die Säugetiere. Es heißt, Neonics seien bis zu 10.000-mal giftiger für Insekten als DDT. Sie wissen schon, das fiese langlebige Giftzeug, das sich weltweit in die Fettgewebe aller möglichen, auch Säugetierchen einlagerte und dort nichts Gutes bewirkte und die Fortpflanzung beeinträchtigte. Und, das ist sicher, Neonics sind ein Milliardenmarkt, wie damals DDT. Drei von vielerlei Neonic-Substanzen wurden kürzlich medienwirksam von der EU verboten, alle anderen Neonics gibt es noch. Auch sie sind schwer abbaubar, hochpotente Nervengifte und reichern sich in Umwelt und Organismen an.

Man könnte Bände füllen über den Sinn und Unsinn von Hunderten von Pestiziden, etwa Insektizide gegen Insekten,

Fungizide gegen Pilze, Herbizide gegen »Unkräuter« und alles andere Grüne, das sich nicht freiwillig vom Acker macht. Früher waren Pestizide zur Behandlung akuter Probleme vorgesehen, so war das Gesetz. Heute gelten Spritzmittel als Teil normaler Landwirtschaft und dürfen,»wo nötig«, auch vorbeugend eingesetzt werden.

Wo nötig, ja, schön wär's! Sie werden überall in rauen Mengen und so gut wie immer vorbeugend eingesetzt! Fast 35.000 Tonnen reine Pestizide (ohne inerte Gase und Hilfsstoffe) in Deutschland, pro Jahr! Der einzige Grund, warum nicht noch mehr gespritzt wird, ist der, dass das Zeug teuer ist und aufwendig ausgebracht werden muss! Nur ganz vereinzelt wollen und können Landwirte realisieren, wie giftig Pestizide nun mal sind: Kennen Sie die Karikatur, in der ein alter Opa auf dem Traktor sitzt und für seine Familie sprühen muss, weil er eh sein Leben schon hinter sich hat?

Wer als Bauer Pestizide als Standardprogramm in Kauf nimmt, macht aus kurzfristig ökonomischer Sicht alles richtig, begeht aber dennoch einen Fehler. Man könnte auch sagen, ein Verbrechen wider die Natur. Wer als Verbraucher das konventionell produzierte Zeug kauft, obwohl er sich pestizidfreie Bioqualität leisten könnte, macht sich mitverantwortlich am Desaster. Kaufen Sie Bioprodukte, schon um dem teuflischen Agrochemie-Kreislauf das Geld zu entziehen! Fördern Sie Biobauern, die den Wahnsinn nicht mitmachen und für etwas mehr Natur auf Profite verzichten! Setzen Sie Ihren Konsumhebel da an, wo es was nützt: Lebensmittelanbieter achten auf die Trends und verstärken das, was am meisten Umsatz und Profit verspricht.

Bio kostet Geld und ist unbequem, und man kommt sich dämlich vor beim Versuch, scheinbar allein die Welt zu retten, während die anderen fröhlich die massenproduzierte Billigware in sich hineinstopfen. Und doch ist es wichtig und richtig. Ein Statement, ein Hoffnungsschimmer.

Bionahrung finden Sie doof/unwichtig/elitär? Letzteres sehe ich ein und kann nur sagen, dass Bioprodukte günstiger würden, würden sie mehr gekauft.

Immer noch skeptisch? Und was halten Sie vom Gedanken, dass nicht Bioprodukte zu teuer, sondern konventionelle Produkte zu billig sind? Nämlich weil externe Kosten, die Schäden an der Umwelt, an den Menschen, an den Tieren, nicht eingepreist werden, sondern von uns allen später gezahlt werden müssen? Diese Rechnung wird der Hammer! Vielleicht schon unbezahlbar! Moralisch ist sie es eh schon.

Noch mal: Wenn Sie der Agroindustrie samt Bauernverband und deren Lobbys auf den Leim gehen und Pestizide als harmlose Pflanzenschutzmittel statt als Gift betrachten, wieso lebt, zirpt, kriecht und flattert dann nichts mehr auf den Äckern? Weil es da nicht hingehört, schon klar. Aber Gift gehört auf unsere Lebensmittel? Ich weiß nicht, ob das ernsthaft akzeptiert werden kann.

Und nein, das Gift gehört auch nicht auf Energiepflanzen, denn auch bei deren Anbau werden Kräuter, Tiere und Böden samt ihren Mikroben zerstört. Was mittelfristig fatal ist, weil es die über Jahrtausende angewachsene Fruchtbarkeit der Böden sabotiert, Unmengen an $CO_2$ und anderen Treibhausgasen freisetzt, Erosion fördert und den Dreck überall hinbefördert, wo er noch weniger zu suchen hat als auf dem Acker.

Gemüsekulturen, Weinberge und Obstplantagen werden »natürlich« besonders intensiv gepflegt, also noch stärker gedüngt und gespritzt, Äpfel bis zu 40-mal pro Saison!

Stellen Sie sich einen sonnigen Vormittag im schönen Südtirol vor. Sie sitzen inmitten einer herrlich bunt blühenden Almwiese. Sie hören ein leises Rauschen der Autos aus dem fernen

Tal, aber keine Bienen summen, keine Hummeln brummen. Sie sehen auch keine Käfer krabbeln oder Falter flattern. Ein feiner Dunstschleier zieht nun von den Plantagen im Tal mit der Thermik den Hang herauf. Riecht es nicht ein wenig seltsam nach Spritzmitteln? Es sind Insektizide. Nun wissen Sie, warum es auf Ihrer Almwiese so still ist.

### Äpfel sind gesund?

Gesunde glänzende Äpfel frisch aus der Chemiefabrik? Da schüttelt es mich nur. Nach dem »Pestizidbehandlungsindex« hat der verrufene Mais im Schnitt nur einen Wert von 2, Äpfel aber erreichen den Rekord mit einem Wert von bis zu 34! Sobald man weiß, was so ein Industrie-Apfel (so eine Industrie-Birne, -Erdbeere, -Traube, -Banane, -Tomate, -Paprika, usw.) mitgemacht hat: Wer will so was noch essen?

Selbstverständlich sind alle solch konventionell bewirtschafteten Äcker, Felder und Plantagen nicht nur in Südtirol, sondern überall im Intensiv-Landwirtschafts-Business großflächig mit Chemikalien verseucht. Erst nach und nach stellen wir fest, dass sich der Giftcocktail und seine Abbauprodukte im Boden anreichern. Kaum ein Tier, kaum eine Pflanze überlebt das. Seltene oder empfindliche Arten sowieso nicht. Aber uns Menschen macht das sicher nichts aus. Bestimmt haben Unverträglichkeiten, Ausschläge, Kribbeln und Allergien grundsätzlich nichts mit Giften auf und in unserer Nahrung zu tun, heißt es immer.

Oder eben doch?

Anderswo, auf den riesigen fernen Agrarwüsten mit Mais-, Soja- oder Baumwollanbau ist alles noch viel schlimmer als derzeit bei uns, Land und Leute leiden, werden krank und sterben. Die Frage ist, wollen wir das wirklich?

## MAXIMALER SCHADEN –
## FÜR EINE HANDVOLL EURO

*Ein Schelm, wer sich unser industrielles Landwirtschaftssystem ausgedacht hat. Ein noch größerer Komiker, wer es am Laufen hält und uns weismacht, es ginge nicht anders.*

*Aber überlegen Sie selbst:*

*Monokulturen, Energiepflanzen, Massentierhaltung: Die industrielle Landwirtschaft ist Artenkiller Nummer eins, Klimakiller Nummer zwei (hinter der Energiewirtschaft), zerstört, vergiftet und plündert riesige Flächen, sorgt für unendliches Tierleid und ist alles andere als nachhaltig – ein Auslaufmodell, das verbrannte Erde hinterlässt, sich selbst und alles Leben auffrisst. Wozu das alles? Für richtig viel Geld, oder?*

*Was meinen Sie, wie hoch ist der Gesamtertrag der deutschen Landwirtschaft pro Jahr? Billionen? Hunderte Milliarden? Müssen doch gigantische Summen sein, sonst würde man diese ganzen Kollateralschäden doch nicht in Kauf nehmen.*

*Hätte ich auch gedacht, stimmt aber nicht: Die Produktion an Pflanz und Tier erreicht nur etwa 50 Milliarden Euro Marktwert, im Jahr, also rund ein Prozent des BIPs. Nach Abzug der Kosten bleibt wenig übrig: Für nur 17,4 Milliarden Euro Brutto-Wertschöpfung in der gesamten deutschen Landwirtschaft (in der Saison 2014/15) quälen wir Hunderte Millionen Masttiere und ruinieren fast die Hälfte der Fläche der Republik! Mit gravierenden Auswirkungen darüber hinaus, über verseuchtes Grundwasser, überdüngte und verschlammte Gewässer und Pestizidstäube. Dafür gibt's billige Lebensmittel beim Discounter. Ja, noch.*

*Doch für einen Teil der Umweltkosten unserer Industrieland-
wirtschaft müssen wir jetzt schon bezahlen: Die Nitratbelastung
des Trinkwassers kostet uns zehn Milliarden Euro pro Jahr, zahl-
bar über die Wasserrechnung. Für die Verseuchung von Luft,
Böden und Gewässern mit multiresistenten Keimen zahlen wir
weitere Milliarden Euro pro Jahr an Beiträgen zur Krankenkas-
se – und viel zu viele Menschen sterben an vermeidbaren Infektionen. Was kosten Erosion, Überschwemmungen, Klimagase? Was kosten das Insektensterben, eine verschwundene Art,
Hunderte ausgestorbener Arten? Und so weiter und so fort. Unser Landwirtschaftssystem ist also schon jetzt ein übles Minusgeschäft – für Sie und mich … für die ganze Welt!*

*Profiteure sind wenige Großbetriebe, die agrochemische Industrie
und die großen Schlachthöfe und Lebensmittelverarbeiter wie Fleisch-
fabriken und Molkereien. Zu guter Letzt finanzieren wir alle die
Subventionen der Landwirtschaft über Steuergelder, knapp 60 Milliarden Euro in der EU – pro Jahr. Das große Geld, etwa 85 Prozent,
wird »in der ersten Förderungssäule« rein nach Fläche verteilt, ohne jegliche Umweltauflagen oder soziale Aspekte; etwa 20 Prozent
der Bauern in Deutschland, die mit den intensiven Großbetrieben,
erhalten 80 Prozent der Subventionen. Einigermaßen rücksichts-
voll mit der Natur umgehende Kleinbauern bleiben auf der Strecke,
nicht nur die Landschaften, auch die Dörfer veröden und verarmen.*

*Wie man das alles ändern könnte? Nur noch Natur- und Tier-
freundlichkeit subventionieren, Bauern bei der Umstellung auf
Bio helfen, Raubbau besteuern und bestrafen und damit Bioprodukte verbilligen. Und ja, wir könnten ausschließlich mit Bio
ganz Deutschland und auch den Rest der Welt ernähren, nachhaltig, gesund und langfristig, sparen nebenher Dünger und Pestizide, reduzieren den Ressourcenraubbau und geben Kleinbau-*

*ern überall eine auskömmliche Zukunft. Maximaler Nutzen für uns alle, ohne einen zusätzlichen Euro, aber mit reicher Dividende für Naturschutz und nachhaltiger Lebensqualität.*

*Bei diesem Thema fallen mir immer die guten alten Römer ein, die so gern Wein aus Bleigefäßen tranken, weil das dann schön süßlich-metallisch schmeckte … Bleiacetat, saumäßig giftig! Weiß doch heutzutage jeder. Die spinnen, die Römer!*

---

**Die Zukunft? Gentechnisch veränderte Organismen (GVOs)**

Der Rückgang der Zahl und Arten auf den Äckern ist dramatisch, einstmals häufige Arten sind samt und sonders gefährdet. Keinerlei Wende ist in Sicht, jedenfalls nicht zum Besseren. Wer noch Schlimmeres an Agroindustrie sehen will, samt gentechnisch veränderten Organismen (GVOs) und darauf abgestimmter Profit- und Abhängigkeitskultur von Monsanto und Bayer und sonstigen Agrarriesen, der gehe nach Südamerika oder in den Mittleren Westen der USA. Oder kaufe Fleisch, Wurst oder andere tierische Produkte aus konventioneller Herstellung im heimischen Supermarkt! Wie, GVOs sind doch in Europa kennzeichnungspflichtig? Ja, schon. Aber nicht als Tierfutter! Massenhaltungskühe fressen massenhaft GVOs, weil die billiger sind als heimisches Futter. Wenn Sie weder Milchprodukte noch Fleisch aus solchen Ursprüngen wollen, müssen Sie sich Bio leisten! Massenhaltungshühner fressen GVOs, weil die billiger sind als heimisches Futter. Wenn Sie das nicht wollen, müssen Sie sich Bio leisten, bei Milchprodukten, Eiern, Fleisch und Wurst. Natürlich fressen auch Massenhaltungsschweine Unmengen GVOs, weil die billiger sind als heimisches Futter. Wenn Sie das nicht wollen, müssen Sie sich Bio leisten!

Manche meinen, GVOs seien der Schlüssel im Kampf gegen
den Welthunger. Als mit genetischen Methoden vertrauter Bio-
loge sehe ich die Vorteile, etwa von eingebauten Trockenheits-
resistenzen in Getreide oder besser lagerbaren Tomaten. Solche
Eigenschaften ließen sich, etwas mühsamer, auch durch Züch-
tungen erreichen. Aber Zeit ist natürlich Geld. Und schließlich
lassen sich gentechnisch auch noch ganz andere Eigenschaften
herbeizaubern.

Manche meinen, der gentechnische Einbau von Spritzmittel-
resistenzen, etwa gegen Glyphosat in Soja, würde den Gesamt-
verbrauch von Pestiziden durch höhere Effizienz beim Einsatz
senken. Dem ist in der Praxis nicht so. Vielmehr wird üppig
gespritzt, es bilden sich Resistenzen, dann wird noch üppiger oder
in Kombination mit anderen Präparaten gespritzt. In den besonders großflächigen Agrarbetrieben in den USA gehen die Erträge
teils bereits deutlich zurück, vermutlich durch eine Mischung aus
resistenten Unkräutern und weniger fruchtbaren Böden. Sicher
ist, dass GVOs in Kombination mit den jeweils geeigneten Spritzmitteln und Hybridsaaten, die immer wieder neu von bestimmten Agrokonzernen nachgekauft werden müssen, ein glänzendes
Geschäftsmodell für Großkonzerne darstellen. Mögen auch Großgrundbesitzer profitieren, normale Betriebe oder gar Kleinbauern
tun es nicht, sondern stürzen sich in die kostenintensive, umweltschädliche und letztlich fatale Abhängigkeit.

Manche meinen auch, GVOs an sich seien gesundheitsbe-
denklich und Kühe, wenn sie die Wahl haben, würden Futter
ohne GVOs fressen. Das kann ich nicht beurteilen. Tatsache
ist, dass die wichtigsten GVOs derzeit Teil eines menschenun-
würdigen, tierunwürdigen und naturunwürdigen Systems zur
Profitmaximierung sind, das Menschen überall auf der Welt in
immer üblere Abhängigkeiten von Saatgut, Spritzmitteln und
Preisdruck zwängt. Prost, Mahlzeit!

## Tierwohl

Massentierhaltung mag niemand. Jeder hat die Bilder von systematisch gequälten Tieren in viel zu engen Horrorställen vor
Augen. Und doch verzehren wir Deutschen im Jahresschnitt
etwa 60 Kilogramm Fleisch, dazu kommen allerlei andere
Tierprodukte. Auf dem Weg von der Pflanze zum Fleisch verlieren sich etwa 90 Prozent der Kalorien; zwar werden wertvolle Proteine gebildet, doch waren die auch schon etwa im
Sojafutter und Fischmehl für die Hühner und Schweine. Global wichtig ist die »Veredelung« von Weidepflanzen durch
Wiederkäuer und ihre Magenbakterien zu hochwertigen Pro-
teinen in Milch und Fleisch und Phosphaten und Nitraten im
Kuhfladen. Doch auch dieses lebensspendende natürliche System wird über industrielle Kuhfütterung mit wertvollem Mais,
Getreide und Soja pervertiert.

Früher war Fleisch teuer, und man konnte es sich nur
sonntags leisten; auch ich freute mich auf den sonntäglichen
Schweinebraten bei meiner Oma! Heute kauft man billig und
viel vom Tier, sauber in viel Plastik verpackt und meist gedan-
kenlos. Was dafür in fernen Ländern an Urwald gerodet, an
Böden verseucht, an Nahrungspflanzen und Wasser ver-
schwendet wurde, na und? Was soll man als Einzelner schon
dagegen tun?

Sehr einfach: Essen Sie weniger, aber dafür besseres Fleisch,
kaufen Sie insbesondere bei tierischen Produkten unbedingt
Bio!

Noch nicht überzeugt? Bestimmt sind Sie Tierfreund. Millionen Deutsche haben Haustiere und lieben sie heiß und innig.
So schlau sind die Tierchen, so anhänglich und lieb! Das sind
Kühe auch! Schweine sind äußerst intelligent und putzig und
würden sich nicht mit ihren Fäkalien besudeln, wenn sie Platz
hätten. Sogar Hühner sind, wie viele andere Vögel auch, recht

helle. Auf jeden Fall haben all diese Tiere Gefühle, und sie alle empfinden Angst und Schmerz. Ich bin nicht gegen Tierhaltung, wenn sie halbwegs artgerecht erfolgt. Ich bin zwar Vegetarier, habe aber kein grundsätzliches Problem mit gelegentlichem Fleischkonsum, wenn man ihn genießt. Nicht das Schlachten an sich ist das Hauptproblem, sondern ein Tierleben voller Qual. Das alles ist nicht neu, und doch drücken wir uns täglich vor den Konsequenzen dieses Wissens. Warum?

Man ist sich einig, dass Tierfabriken mehr oder weniger dramatische Tierquälerei bedeuten, dass freiwillige Tierwohl-Label reine Augenwischerei sind und dass Massentierhaltung enorme Probleme für die Allgemeinheit verursacht. Multiresistente Keime zum Beispiel, die gerade erst in allen untersuchten Gewässern gefunden wurden und von denen Forscher glauben, sie würden im Jahr 2050 ähnlich viele Todesopfer fordern wie Krebs. Oder Methan bei Kuhmast und Ammoniak aus gigantischen Sauställen – Treibhausgase pur! Oder die Unmengen an Gülle, die üppig auf Äcker und Wiesen verspritzt nicht nur zum Himmel stinken, sondern auch höchst klimawirksames Lachgas verursachen und Grundwasser wie Bäche, Seen und Flüsse bis in die Meere hinein mit Nitrat verseuchen. Bis in die Meere? Jawohl. Erinnern Sie sich an die Algenplage in der italienischen Adria? Baden war praktisch unmöglich, vor lauter eklig schleimigen Algenbatzen. Viel schlimmer, unbemerkt von Badegästen sammelte sich faulende Algenmasse auf den Meeresböden an, wo durch Sauerstoffmangel und giftige Schwefelgase alles höhere Leben abstarb. Dumm für die Fischer. Noch dümmer für die Meeresbewohner. Solche sauerstofffreien Zonen, sogenannte Todeszonen, gibt es mittlerweile nicht nur vor dem Po, der seinem Namen alle Ehre macht, sondern vor fast allen größeren Flüssen der Welt! Viele Hundert Todeszonen, Tendenz weiter steigend!

## Klimawohl

In E10 und »Bio«-Diesel steckt ordentlich Weizen, Raps und Mais vom hiesigen Acker. Vegetarisches also, das man lustvoll abfackeln kann, schließlich sind es regenerative Treibstoffe. Oder? Schon die Klimabilanz der Treibstoffe von deutschen Äckern ist mehr als mau.

Rechnet man den Verlust an biologischer Vielfalt durch Industriemonokulturen und andere bereits angesprochene Nebenwirkungen hinzu, kann ich nur raten: Tanken Sie Sprit aus gutem alten Erdöl! Geht halt bei Diesel gar nicht mehr, da werden Sie zwangsökologisiert. Geht aber voll nach hinten los: Berücksichtigt man den für Zuckerrohr, Soja und Ölpalmen gerodeten Regenwald, menschliches Leid auf vielen Kontinenten und das damit verbundene dramatische Artensterben, wird mir übel.

Konventionelle Landwirtschaft tötet, vergiftet, ruiniert. Hier und im Rest der Welt. Dauerhafte Freude daran haben nur die multimilliardenschweren Industrien und deren Anleger, die satte Profite mit dem Sterben der Natur einfahren! Konventionelle Landwirtschaft, das ganze System aus Industrieproduktion, Massenverarbeitung und Überkonsum ist rücksichtslos, ausbeuterisch und letztlich tödlich für Mensch und Natur, sie ist Artenkiller Nummer eins! Weltweit, und auch in Deutschland. Pfui! Das gilt auch uns, die wir das hässliche System fördern oder dulden.

- **Gifte gehören nicht auf den Acker! Nicht in die Natur! Nicht auf die Teller!**

- **Feldfrüchte gehören auf den Teller, nicht in den Tank. Und auch nur zu einem geringen Anteil in Tiermägen!**

• **Weidetiere gehören auf die Weide, Schweine und
Hühner brauchen Platz statt Antibiotika, und sie alle
brauchen natürliches Futter und unseren Respekt als
Lebewesen!**

## Wiesen, Weiden, Grasfabriken

»Was soll an schönen sattgrünen Wiesen denn verkehrt sein?«,
höre ich immer wieder.

»Fast alles«, sage ich dann meistens.

Rasen ist grün, Wiesen sind es normalerweise nicht. Rasen
ist grün, weil er massiv gedüngt, gepflegt und geschnitten wird,
denn dann besteht er fast zu 100 Prozent aus Gras, das aus kräftigen Wurzeln heraus dicht und üppig sprießt, zur Freude von
Golfern, Fußballern und Gartenbesitzern. Außer vereinzelten –
mit den Blättern an den Boden gedrückten Gänseblümchen und
dem äußerst wuchsfreudigem Löwenzahn, der ja auch immer
wieder wunderbar gelb blüht – wächst da nichts Krautiges. An
Tieren gibt es … ja, was denn? Kleine gelbe Ameisen. Sonst eher
wenig.

Wiesen dagegen bestehen immer aus einer Mischung von
Gräsern und Kräutern, von Blumen und Blüten. Fette, nährstoffreiche Wiesen sind natürlich üppiger im Wachstum als
nährstoffarme, dafür punkten Magerwiesen mit erstaunlicher
Artenvielfalt, die einen Vergleich mit tropischen Regionen
nicht scheuen müssen. Wiesen sind fleckig bunt, wechseln ihre
Farbe im Jahresverlauf, mal blüht es weiß vom Wiesenschaumkraut, mal gelb vom Hahnenfuß, mal rötlich vom Sauerampfer. Zwischen den Dutzenden Gräsern und Kräutern wimmelt
es geradezu von Leben, Tiere groß und klein finden Futter, Partner, Verstecke. Kommt dann und wann ein Schaf oder eine Kuh,
dann macht man sich aus dem Staub, kriecht in ein Regen-

wurmloch, flattert oder hüpft auf die Seite. Mitte Juni wird die Wiese gelblich von den prallreifen hohen, sanft im Wind schaukelnden Gräserähren, dann wäre Mähzeit. Mit der Sense mähen ist mühsam, das weiß ich noch von früher! Man kommt kaum schneller voran als eine Kuh, sodass die meisten Tiere flüchten können. Wendet und bündelt man das Heu von Hand, haben sich die meisten Tierchen längst aus dem Staub gemacht oder warten, bis die Wiese erneut sprießt und blüht und je nach Lage noch ein oder zweimal später im Sommer und Herbst gemäht werden kann. Alle Jahre wieder, ohne Spritzmittel, ohne Dünger – so geht Nachhaltigkeit.

Extensive Weidewirtschaft und Handmahd ... Legenden aus grauer Vorzeit? Idyllische Illusionen auf Industriemilchpackungen? Auf manchen Bergbauernhöfen und in einigen Biobetrieben gibt es so was noch! Was immer dort hergestellt wird, kann nur gut sein! Der wahre Schatz sanfter Weidewirtschaft liegt aber im Schutz – im Schutz von Böden, Landschaft und Kultur. Keine Chemie, kein schweres Gerät, kein Dünger außer Kuhfladen: kein Artensterben!

Die Normalität sieht so aus: Der Grünlandanteil in Deutschland beträgt grob 13 Prozent. Diese wenigen Prozent sind wichtig, denn wie Wälder binden Wiesen und Weiden viel $CO_2$ und produzieren Humus, fruchtbare Erde. Doch sind Weide- und Graswirtschaft nicht besonders rentabel. Oder sogar ein Minusgeschäft, wegen der Billigkonkurrenz durch Großbetriebe, der Marktmacht der Lebensmittelkonzerne und der Billigmentalität von uns Verbrauchern. Seit es Förderung regenerativer Treibstoffe vom Acker gibt, werden daher mehr Wiesen zu Äckern umgebrochen, was teils verboten ist und im Zweifel gern abgestritten wird. Schlimmer als der Rückgang der Quantität ist freilich die dramatische Verschlechterung der Qualität der Wiesen, jedenfalls aus Sicht der Natur.

Die Perlen der Artenvielfalt sind die Magerwiesen, also Flächen mit Nährstoffmangel, auf denen Gräser nicht besser wachsen als eine unglaubliche Vielzahl an Kräutern, die alle ein Plätzchen und Auskommen finden. Pro Pflanzenart kommen als Faustregel zehn Tierarten vor, ein schier unglaubliches Gewusel, Geflatter und Gekrabbel! Da Magerwiesen meist auch licht und damit trocken und warm sind, bieten sie ideale Habitate für Insekten. Für Bauern sind solche Wiesen, außer zum Gucken und Staunen, höchstens als extensive Schafweide brauchbar. Was der Weide an Stickstoff über Luftverschmutzung zugeführt wird, wird ihr durch die fressenden Schafe als Wolle, Milch und Fleisch wieder entzogen. Die Magerwiese bleibt nährstoffarm und artenreich. Früher gab es solche Magerweiden überall, heute fast nur noch in Hanglagen und in kargen Hochlagen. Viele der noch vorhandenen Magerwiesen stehen wegen all ihrer seltenen und gefährdeten Blümchen unter Naturschutz, doch Mahd und extensive Beweidung ist teuer und mühsam. Das große Sterben wurde somit verlangsamt, gestoppt ist es nicht. Denn die Gebiete sind klein und isoliert, bieten weder Platz für größere Tiere noch genug Puffer vor Störungen von außen, durch Düngung oder Spritzmittel etwa.

Das Gros der Wiesen, mager oder nicht, wurde und wird »melioriert«, also gedüngt und in sogenannte Fettwiesen umgewandelt. Das Gras wächst schneller, verdrängt Kräuter und Tiere und kann früher und öfter gemäht werden. Bei einer mittlerweile üblichen Mahd im Mai haben wiesenbrütende Vögel kaum Chancen, ihren Nachwuchs hochzubringen. Schade. Fünf Mahden pro Jahr sind schon die Regel, auch acht werden erreicht. Dabei werden nach Möglichkeit schwere Maschinen eingesetzt, die den Boden verfestigen, bei jedem Schnitt, bei jedem Wenden und beim Aufsammeln des Heus jeweils den Großteil der Insekten und anderer Tiere zerschneiden, zerhäckseln und zerquetschen. Doch halt, natürlich wird ja vielerorts gar kein Heu mehr produziert! Das Gras wird gleich nach dem Schnitt unter Luftabschluss in Folienballons gequetscht, damit es schön gärt und später als Viehfutter dienen kann. Die Wiesenflora und -fauna wird quasi komplett eingeschweißt. Nach einer intensiven Mähsaison gibt es kaum noch Kräuter, kaum noch Schmetterlinge, kaum noch Vögel. Es gibt ordentlich Grasertrag, aber auch hohe Kosten für die Maschinen und für Treibstoff. Je größer die Flächen, desto effizienter lassen sich teure Maschinen einsetzen. Es wird alles begradigt und vereinheitlicht, was geht. Buckel, Hecken und Blumeninseln werden entfernt, Feuchtgebiete werden aufgeschüttet oder mit Gräben entwässert, Trockenzonen nach Möglichkeit mit Erde und Gras bedeckt. Das Aus für viele Insekten, denn die mögen es nicht feucht und kühl. Und damit das Aus für viele Vögel, die keine Nahrung mehr finden. Fades Einheitsgrünland ist entstanden. Prädikat: biologisch besonders verarmt!

Schauen Sie mal in die Landschaft! Gibt es noch Wiesen? Steht im Frühjahr dick und gelb ein Blütenmeer von Löwenzahn? Dann handelt es sich um eine Fettwiese. Oder wurde die Wiese sogar schon gemäht, bevor der Löwenzahn blühte? Dann arbeitet Ihr Landwirt besonders effizient. Sehen Sie irgendwo Kühe oder Schafe auf der Weide? Oder stehen die im Stall und warten auf ihr Kraftfutter aus brasilianischem Sojaschrot mit Weizen und leckerer Silage? Ja, genau das tun die meisten Hochleistungstiere. Sie würden draußen nur krank werden, sagte man mir. Ist das allgegenwärtige Hochleistungsgrasland nicht schön grün?

Ja, wenn es nicht gerade von einer braunen fauligen Schicht überzogen ist. Moderne deutsche Wiesen werden üppig mit Gülle gedüngt, mehrmals im Jahr, denn das Zeug aus den Mastbetrieben muss ja irgendwohin. Manche leiten die Gülle auch gleich direkt in die Bäche, was verboten ist, aber kaum je bemerkt oder geahndet wird. Aber auch sonst sind die Böden oft mit Stickstoff übersättigt, und so gelangt viel zu viel Gülle in das Grundwasser, oder, nach Regenfällen, zusammen mit erodiertem Boden in die Bäche. Im Winter, bei Frost, ist Gülledüngung eh verboten, kann das Zeug doch nicht in gefrorene Böden eindringen. Gemacht wird es weithin sichtbar trotzdem, und die Brühe fließt stinkend davon. Gen Ozean, aber das kennen Sie nun schon.

> »Was meinen Sie, was hier los wäre, wenn mehr
> Menschen begreifen würden, was hier los ist?«
>
> *Volker Pispers auf www.kartoffelkombinat.de*

## Feuchtgebiete

Sümpfe, Tümpel, Dorfweiher, Seen, Gräben, Bäche, Flüsse: Überall, wo Wasser ist, ist üppiges und artenreiches Leben! Eine Vielzahl von Wasser- und Sumpfpflanzen, Schwebfliegen, Schmetterlinge, Eintagsfliegen, Köcherfliegen, Libellen groß und klein, auch Frösche, Kröten, Schwanzlurche wie Salamander und Kammmolche geben sich um die Teiche und Lacken ein Stelldichein. Und massenhaft Vögel! Überall piepst es, singt es aus dem Röhricht, schmettert es fröhlich aus dem Gebüsch. Allein die Schwanzmeisen, Blaukehlchen und Braunkehlchen, ein Gedicht. Gibt es offene Flächen und ein paar alte Bäume, sind Neuntöter, der seine großen Beuteinsekten feinsäuberlich auf Dornen im Gebüsch aufspießt, und vielleicht auch Exoten wie der wunderschön gelbe Pirol nicht weit. Kuckuck, Kuckuck, ruft's aus dem Wald! Da sitzt er nämlich, wenn er sein dickes Ei dem Teichrohrsänger am

Tümpel nebenan untergejubelt hat. Zumindest war das früher so. Schon im Zuge der Flurbereinigung verschwanden Zehntausende von kleinen Feuchtgebieten und Tümpeln. Später sorgten Naturschutzgesetze dafür, dass einzelne Feuchtbiotope erhalten bleiben mussten, wurden sie nicht rechtzeitig heimlich entfernt, etwa vor Baumaßnahmen. Wegen ein paar Fröschen darf ich nicht bauen, so wird auf allzu kleinkarierten Naturschutz geschimpft, und es ändert wenig an der inzwischen ausgeräumten Einheitslandschaft aus Forsten, Fettwiesen und Feldern.

Durch diesen Dreiklang systematischer Naturzerstörung ziehen sich Gräben, die frei gehalten werden (müssen), damit die Düngersoße immer gut abfließen kann. Wenn sich doch einmal Pflanzen und Tiere im Graben eingefunden haben, wird er mit Fräsen freigeräumt; so macht man der Wildnis bis hin zum letzten Schwanzlurch den Garaus. Wo es Bäche gibt, wird oft bis zum Rand geackert, für Leben bleibt kaum Platz. Und giftige Düngersoße vertragen eh nur die häufigen Allerweltsarten, wenn überhaupt. Flüsse wurden systematisch begradigt und eingepfercht, am Ufer gab es schließlich wertvolles Forst-, Acker- und Bauland zu gewinnen und vor den Fluten zu schützen. Dort, wo früher wilder sumpfiger Auwald mit mehr oder weniger stark verlandeten Altwasserarmen war, der auch ab und zu bei Hochwasser überflutet wurde und dabei viel Wasser aufnahm und Hochwasserspitzen abmilderte. Heute rauscht Hochwasser einfach durch die Kanäle und richtet unterwegs große Schäden an, die man dann in den Nachrichten bewundern kann. Wetten, dass das nur der Anfang ist und es in ein paar Jahren so richtig abgeht?

Nur wenige Auwälder wurden rechtzeitig geschützt, nur wenige Prozent der noch existierenden Auwälder sind in passablem Zustand, und nur sehr wenige Flüsse dürfen sich noch, oder wieder, unbehelligt ein Bett suchen. Die Isar vor München zum Beispiel. Viele Flüsse wurden als Vorfluter für industrielle Abwässer missbraucht, zum Kühlen von Kraftwerken verwendet und dabei erwärmt, und in fast alle Flüsse münden die Abwasserrohre von Kläranlagen. Ein Dutzend etwa in die Isar vor München. Nur bei Starkregen fließt die häusliche Kloake noch ungeklärt in die Flüsse, was aber sicherlich besser ist, als all den Dreck immer ungeklärt einzuleiten wie früher. So hat sich die Wasserqualität von heimischen Flüssen und auch Seen doch erheblich verbessert, von meist schlecht auf gut. Ringkanalisationen um Starnberger See und Ammersee etwa sorgen für weniger Nährstoffe und Algenblüten, die Seen sind wieder naturnah, das Wasser habe wieder Trinkwasserqualität, heißt es. Die Badegäste freut's und die vielerlei Mikroben, Krebschen und Schnecken auch. Doch gibt es nun weniger Fischfutter und weniger fangbaren Fisch, die Berufsfischer schimpfen. Insgesamt trauern wenige der dreckigen Brühe von damals nach, Gewässerschutz hat einen guten Stand in der Gesellschaft. Das liegt auch an den Wasserwerken, die auf Trinkwasserqualität pochen. Leider haben dieselben Wasserwerke viele Quellen verbaut, und die noch existierenden Quellsümpfe samt ihren Bewohnern sind selten und geschützt.

Ab und zu schwimmen Lachse aus dem Atlantik wieder in den Rhein, dem ehemals wichtigsten Laichgewässer, um vielleicht bald wieder zu laichen. In vielen mitteleuropäischen Gewässern kann man wieder baden gehen, ohne sich danach komplett zu häuten oder allzu viele Pickel zu bekommen. Sehr gute, natürliche Qualität erreichen die wenigsten Gewässer. Man trifft sich im guten Mittelmaß, das leider nicht ausreicht für viele Arten mit speziellen Ansprüchen. Für große Teichmuscheln etwa, die immer seltener werden, obwohl sie unter

strengem Artenschutz stehen. Oder für Flussperlmuscheln:
Die imposanten Tiere werden etwa 15 Zentimeter groß und
100 Jahre alt. Echte Methusalems sauberer Oberpfälzer Urge-
steinsbäche, gelegentlich mit Perlen, die vom Bayerischen
Königshaus früher befischt wurden. Es gibt sie noch, sie haben
die Zeit des sauren Regens überdauert. Aber sie reproduzie-
ren sich nicht mehr. Der Jungmuschelnachwuchs ist aber auch
wählerisch: Zuerst haftet er sich in den Kiemen der Bachforelle
fest, lässt sich etwas herumtragen, gern auch flussaufwärts, wo
Muscheln sonst schlecht hinkommen. Und da, wo die Bedingungen günstig erscheinen, lässt sich das Muschelchen fallen,
um fortan im Sediment steinalt zu werden. Irgendwas läuft da
nun schief. Ob es an den Fischen liegt?

Wissen Sie, wie viele Fischarten es mitten in Deutschland im Süßwasser gibt? Mal sehen, Karpfen, Forellen … Hm,
Karpfen wurden aus Asien importiert, um die vielen Wasser-
pflanzen abzufressen, und als früher begehrter Speisefisch, der
etwas in Ungnade gefallen ist, weil er als Pflanzenfresser zum
»Mooseln« neigt. Und Forellen, ja, die mit den hübschen Strei-
fen ist die Regenbogenforelle, made in America. Die heimische
gepunktete Bachforelle kommt gegen die Konkurrenz aus den
Staaten kaum an, Pech auch für die Flussperlmuscheln. Ras-
sismus im Bach? Ach was, simple tierische Konkurrenz. Die
Regenbogenforelle wurde eingeführt, kommt bestens zurecht
und wird von Fischereivereinen nach wie vor gezüchtet und
ausgesetzt. Den heimischen 89 Fischarten geht es schlecht,
weil Habitate fehlen, Uferböschungen und Nischen für den
knapp zwei Meter langen Huchen etwa. Ein Riese! Auch Wal-
ler werden groß, von über drei Meter Länge wird berichtet!
Und haben Sie schon einmal von Nasen, Rapfen und Neun-
augen gehört? Schon toll, was alles so herumschwimmt, wenn
man es lässt. Aus dem Ammersee bei München beschrie-

ben meine Kollegen aus der Zoologischen Staatssammlung
sogar erst kürzlich eine neue Fischart. Ach ja, Hechte sind
noch recht häufig, während die früher allgegenwärtigen Aale
immer weniger werden. Sie schwimmen als Erwachsene in
Richtung Karibik und laichen in der Sargassosee. Von dort
schlängeln sich Miniaale zurück in die europäischen Flüsse,
wenn sie nicht unterwegs gefangen werden, an Schadstoffen
oder Wasserturbinen krepieren oder Dämme und Staustufen
nicht überwinden können. Aale sind praktisch Wanderfische
wie die Lachse, nur andersrum. Unter den Fischen sind Aale
Künstler, so verlassen sie das kühle Nass und schlängeln sich
über Land, wenn es sein muss. Aber keine Angst, da schlängelt
fast nichts mehr, und es sieht richtig mies aus für die Zukunft
der Aale.


## Hochmoore

Verträumt und verwunschen, so mancher Krimifan denkt an
wabernde Nebelschwaden, Irrlichter und Moorleichen … oder
weiß gar nicht, was Hochmoore sein sollen. Hochmoore sind
ombrogene, linsenartige Erhebungen von Torfmoosen der
Gattung *Sphagnum,* sauer und nährstoffarm, und sie sind die
Heimat weniger, aber speziell angepasster Pflanzen und Tiere.
Aha. Einfach gesagt: Wo es auf sumpfigem Boden genug regnet, in Norddeutschland, in Mittelgebirgen und am Fuß der
Alpen, siedeln sich diese Torfmoose an, wachsen, speichern
Wasser, bilden Säure, hemmen andere Pflanzen. Die unteren
Moosschichten sterben ab, werden wegen der Säure aber nicht
zersetzt, genauso wenig wie die Moorleichen, oben wächst das
Moos weiter. Nach ein paar Jahrzehnten haben sie ein stattli-
ches Polster gebildet, das Torf enthält und dadurch viel $CO_2$
speichert. Fast fünf Prozent der Landfläche Deutschlands

bestand aus Moor, das seit den Eiszeiten über Jahrtausende meterdicke Torfschichten gespeichert hatte. 95 Prozent davon sind verschwunden, entwässert und zerstört.

Im Hochmoor kommen seltene fleischfressende Pflanzen vor, wie Fettkraut und Sonnentau, die mit ihren pappigen Auswüchsen Insekten fangen, um sich mit Nährstoffen zu versorgen. Aber sonst wächst auf lebenden Hochmooren nur wenig, außer ein paar Birken, Kiefern, Beerenstauden und hübschen Wollgräsern, und die Bäumchen gibt es auch nur im Randbereich. Uninteressant für Land- und Forstwirte, bis man das Wasser abgräbt und das Moor austrocknet. Dann kann man Torf abbauen, trocknen und als Brennmaterial verwenden oder als fluffige Blumenerde verkaufen.

Ohne Wasser sterben die Torfmoose, es wird keine Säure mehr gebildet, die Bodenmikroben beginnen, die alte Pflanzensubstanz zu zersetzen. Dabei entsteht $CO_2$. Viel $CO_2$. Die entwässerten Moore kann man dann mit Fichten aufforsten oder umpflügen und beackern. Nur noch wenige intakte Hochmoore sind übrig, und nach wie vor sind sie Opfer von Begehrlichkeiten. Selbst geschützte Moore lebten unsicher: Sie wurden und werden über die Luftschadstoffe mit Stickstoff gedüngt, was anderen Pflanzen hilft, die Torfmoose zu überwuchern. Artenreich sind sie also nicht, die Hochmoore, dafür ganz spezielle natürliche Lebensräume, in denen sich Fuchs und Hase wie vor Hunderten von Jahren Gute Nacht sagen.

Und sonst, wozu sollen sie gut sein? Haben sie keinen Nutzen? Doch, sie sind prima $CO_2$-Speicher. Will man Hochmoore regenerieren, muss man die Entwässerungsgräben verstopfen und einige Jahre bis Jahrzehnte warten, bis sich die Torfmoose ihr Terrain zurückholen. Hochmoore sind wohl mit die billigsten $CO_2$-Speicher: Mit nur einem Euro Speicherkosten pro Tonne $CO_2$! Man sollte schleunigst wiedervernässen, was geht.

## Eh-da-Land

Moment, was sollen das für Lebensräume sein? Der Begriff
steht für Flächen, die eben auch existieren, also »eh da« sind,
kaum oder gar nicht genutzt werden und deshalb für die Natur
verfügbar wären. Brachland etwa, Randstreifen, Kiesgruben …
insgesamt drei bis sechs Prozent der Landesfläche. Eine ganze
Menge also! Die sind doch menschengemacht und reichlich
unnatürlich? Ja, und großteils in schlechtem ökologischen
Zustand, aber zusammen mit Truppenübungsplätzen die letzten
Rückzugsgebiete für eine Vielzahl von Arten, von Insekten über
Amphibien und Reptilien bis zu Vögeln und Säugern. Noch,
denn sogar diese letzten Reste an Wildnis gehen verloren, viele
sogenannte Ruderalarten, früher häufige Allerweltsarten, sind
bedroht! Umso wichtiger wäre es, »Eh-da-Land« zu revitalisie-
ren, Rohböden zu schaffen, reiche Strukturen aus Steinen, Kies
oder Totholz anzuhäufen, auch Tümpel anzulegen und Pfützen
zu tolerieren, solche Bereiche mit Pflanzensamen oder Mahdgut
samt den enthaltenen Tierchen aus benachbarten Naturschutz-
gebieten anzuimpfen …

Selbst »Eh-da-Land« wird immer eintöniger. Ist Ihnen auf-
gefallen, dass die Landschaft immer aufgeräumter wird? Immer
weniger Strukturen, »immer weniger Verhau«, hätte mein Opa
gesagt. Nicht mal Brennnesseln sieht man noch häufig! Sie sind
zwar Stickstoffanzeiger und haben Brennhaare, doch leben viele
Schmetterlingsarten im Raupenstadium davon, Tagpfauen-
augen und Kleine Füchse etwa. Die habe ich als Kind noch zu
Hause in einer Pappschachtel mit Sichtfolie gezüchtet, also Raupen gefüttert, beim Verpuppen zugeschaut, und voller Freude
die Schmetterlinge aus der doch recht hässlichen Puppe schlüp-
fen, ihre Flügel entfalten und sie ausfliegen sehen. Welche Kinder machen heute noch solche Erfahrungen? Woher sollen sie

wissen, dass Fettwiesen artenarm sind, es andere Schmetterlinge als Kohlweißlinge (die Weißen halt!) gibt und andere Vögel als Raben und Tauben?

## Metropolen

Großstädte als Biotope, das klingt seltsam. Ist es auch. Betonwüsten sind und bleiben natur- und lebensfeindlich, aber grüne Städte mit ordentlich Parks, Flussauen, Teichen und Gärten, da leben schon sehr viele Pflanzen- und Tierarten, oder? Ja, schon, es gibt allerlei Pflanz und Tier in der Stadt, nur Platz für seltene Arten und bedrohte Lebensräume gibt es dort kaum. Und wenn, dann bedürfen sie besonderer Pflege. Am allermeisten Arten gibt's im Botanischen Garten und im Tierpark. So manche Exoten tummeln sich im stadtwarmen Dunstkreis der Menschen: Waschbären, Mandarinenten, ja sogar Papageien soll es geben. Auch Igel sieht man ab und zu noch.

Natürlich gibt es viel Positives, das ist nicht zu unterschätzen: Eichhörnchen turnen in den Alleebäumen, und wir Menschen freuen uns über Vögel bei der winterlichen Fütterung; etliche Vogelarten machen sich schon nicht mehr die Mühe, in den sonnigen Süden zu ziehen. Sie merken schon, ich mag Tiere auch in der Stadt, aber halte wenig vom Gedanken, Städte als Retter der Biodiversität zu handeln.

In Städten gibt es für die Natur überall Probleme, wie Schadstoffe aus Haushalten, Industrie und Verkehr, Kollisionsgefahr mit Autos und Fensterscheiben, die Mähwut in Parks und Gärten oder die vielen hellen Lichtquellen in der Nacht. Bedenklich ist der Trend, manche nennen es Zwang, zur Nachverdichtung, die verfügbaren Flächen also immer dichter zu bebauen, sodass kaum Grünflächen übrig bleiben. Für noch viel kurzsichtiger halte ich eine immer »ordentlichere«, einfachere und pflegeleichtere, ja monotone Gartengestaltung aus Pflastersteinen, Thujahecken und Sportrasen, die Wildnis und damit Artenvielfalt keine Chance lässt. Ähnliches gilt für Grünstreifen und Parks: Wildnis und Unordnung wird kaum geduldet, stattdessen gibt es gefälligen Schnittrasen und hübsche Blühstreifen entlang von Hauptstraßen, die eher als Insektenfallen denn als Heimat und Brutstätte wirken können. Ein Hauch von Natur im Dienste der Stadtmenschen. Das Resultat? Früher gab es Spatzen in Massen, heute tschilpen fast keine mehr. Mauersegler, Schwalben, Fledermäuse? Fliegen fast nirgends mehr. Weil es weniger Insekten gibt? Ja, vermutlich. Und Nistmöglichkeiten an Schuppen und Gemäuern fehlen auch. Meiner Meinung nach geht die Anzahl und Artenvielfalt heimischer Tiere auch in den Städten zurück, nur nicht so dramatisch wie auf dem Land drum herum. Trotz Autos, Beton und Feinstaub eigentlich erstaunlich. Aber erklärbar: Im Heimbereich, also meist in den Städten, werden »nur« über 500 Tonnen Pestizide, meist Unkrautvernichter, pro Jahr versprüht, oft recht punktuell und ebenso oft verbotenerweise auf Wegen und Einfahrten … In der Landwirtschaft sind es fast 70-mal so viel, flächendeckend. Bis hin an den Stadtrand.

## Gebirge

Sie sind an Land der Hort der Wildnis, der Artenvielfalt. Allein in den Alpen kommen rund 14.000 Pflanzenarten und 30.000 Tierarten vor. Manche gibt es als Eiszeitrelikte auch noch in der Arktis, andere auch über ein paar Gebirgszüge hinweg, wieder andere nur in einem Talgebiet oder auf einem Gipfel. Die Höhen der Mittelgebirge und ebenso die verschiedenen Massive in den Alpen sind wie Kälteinseln, die als Refugien für bestimmte Arten in den Himmel ragen. Manche Arten mögen es kalkig, andere kommen nur auf Sandstein vor. Wieder andere Arten schätzen es warm und trocken, und es gibt sie nur auf ein paar einzelnen Südhängen oder sonnigen Felsen, soweit man weiß. Und das ist oft nicht sehr viel. Regelmäßig finden Forscher neue Tierarten, Schnecken zum Beispiel. Und doch ist die Artenvielfalt der Berge bisher erst ansatzweise mit modernen Methoden erforscht. Wer weiß, was es noch alles gibt? Und was schon nicht mehr?

Die Gebirge werden auf vielerlei Weise genutzt. Forstwirtschaft mit Kahlschlag wird bis hoch zur Baumgrenze in den Alpen betrieben, und in den Mittelgebirgen sowieso. Flüsse werden gestaut und begradigt, Straßen, Siedlungen und Wege gebaut, Almen aufgelassen oder gedüngt und mit Maschinen gemäht, im Winter beschneit und von unzähligen Skifahrern gecarvt. Wandern, Klettern, Canyoning, Tourenski, Gleitschirmfliegen, der Kanon der Natursportarten ist ansehnlich, und natürlich hat das Auswirkungen auf Pflanz und Tier. Die großen Täler sind auch noch dicht besiedelt, hoch industrialisiert und stark von Verkehr geplagt. Und doch gibt es im Gebirge vergleichsweise viel naturnahes Gelände, extensive Weidewirtschaft, echte Wildnis und stellenweise sogar menschenleere Einsamkeit.

Diese Oasen sind bedroht, nicht nur durch Erschließung und Tourismus, sondern insbesondere durch die globalen Veränderungen. Die Erwärmung wird im Bergland stärker ausfallen als an den Küsten, in den Alpen bis 6 °C plus bis 2100! Nicht nur Gletscher und damit Trinkwasservorräte werden schwinden. Auch tiefgefrorene Böden werden auftauen, und ganze Hänge werden abrutschen, sogar manche Gipfel werden buchstäblich zu Brocken zerfallen, die dann gen Tal kullern. Fichtenforste könnten flächendeckend verdorren und absterben oder von Orkanen hinweggefegt werden, und riesige Muren könnten dann abgehen. Ja, man wird viel verbauen und bepflanzen müssen. Wird es wärmer, können immer höhere Almen immer intensiver bewirtschaftet werden. Die Alpen werden ihr Gesicht in den nächsten Jahrzehnten deutlich verändern. Mal sehen, wie heftig es wird und was von der Idylle bleibt.

Wintersport wird es bald nur noch in Hochlagen geben, dafür kann man umso länger Wandern und Mountainbiken. Das ist es doch, was die allermeisten Leute interessiert! Und ja, wird es wärmer, steigen die kälteliebenden Arten nach oben. Sie machen es jetzt schon. Bis sie sich alle am Gipfel drängeln, so wie die vielen Bergfexe, bevor sie wieder gen München rasen. Und dann? Sagen die Arten leise »Servus«! Ein paar Tausend werden verschwinden. Aber was soll's, die kennt ja eh niemand!

In der Tat, liebe Bergfreunde und -freundinnen, liebe Alpenvereine, liebe Tourismusvereinigungen, ist Unkenntnis ein grundlegendes Problem. Wie soll man mitfühlen, Lösungen finden, an ihrer Durchsetzung arbeiten, wenn man nicht weiß, wofür?

## Meere

Wie die Gebirge ist auch das Meer eine Wildnis. Bewirtschaftet, benutzt, befischt und oft genug geplündert, aber eben eine Wildnis. Riesig, unzugänglich, unbekannt. Und ohne feste Grenzen: Die meisten Meere und ihre Bewohner stehen im Austausch miteinander, sodass wir hier die Meere großflächig und nicht nur geografisch, sondern auch aus Sicht deutscher Interessen betrachten.

Die Ostsee ist eine Art tiefer See, in den Flüsse münden, der aber auch mit dem Meer in Verbindung steht und deshalb aus Brackwasser besteht. Im Gegensatz dazu ist die Nordsee eine flache, vom Meer überschwemmte Wiese, mit reichlich Öl und Gas unter dem Sand und vielen Windspargeln im Sand verankert, mit Helgoland als Felsgupf mittendrin und der riesigen, schlammig-sandigen Wattfläche an der Festlandküste. Dies ist ein äußerst produktiver Küstenbereich und Heimat oder

Durchzugsgebiet von Millionen von Wasser- und Küstenvögeln. Fischarten der deutschen Meere kennt man leidlich, die Entwicklung ihres Bestandes auch: Es werden immer weniger. Der Ostsee-Kabeljau, hier Dorsch genannt, nimmt grenzwertig ab, und Berufsfischer klagen Hobbyangler an, sie seien an der Überfischung schuld – und umgekehrt. Wenn man zu viel rausnimmt, sodass nicht genügend nachwächst, ist halt irgendwann nicht mehr genug drin! Oh Wunder!

Seit Jahrzehnten publizieren Wissenschaftler Bestandsdaten von wirtschaftlich relevanten Fischarten, und seit Jahrzehnten werden viel höhere Fangquoten von der Politik erlaubt. Nicht nur beim Dorsch, sondern bei allem, was Schuppen hat und schwimmt. Dazu kommen Schwarzfänge, Fischpiraten, die noch mal 20 oder auch 50 Prozent mehr abgreifen, ohne dass es jemals in irgendeiner Fangstatistik aufgeführt wäre. Ein Drittel aller weltweiten Fischbestände sind überfischt, ein weiteres Drittel ist hart an der Ausbeutungsgrenze – mindestens – in allen Ozeanen! Jedes Jahr fahren mehr und immer modernere Fangflotten hinaus und bringen trotz immer mehr Aufwandes immer weniger Fisch nach Hause.

Was bedeutet das wohl? Wir plündern die Ozeane nicht nur aus, wir erschöpfen sie. Bis zum letzten Fisch. Wobei in immer abgelegeneren und tieferen Regionen gefischt wird. Nichts ist heilig, weder Schutzgebiete (wozu gibt es Nacht und Nebel?) noch Hoheitsgebiete (wie sollen Länder sie denn bewachen und verteidigen?) noch Fangquoten oder Artenschutz. Es wird gelogen und betrogen, umetikettiert und umgeladen, verschleiert und versteckt: Fisch wird immer beliebter, immer teurer, Großfisch erzielt Millionen – ein einziger großer Blauflossenthunfisch kann über eine Million Dollar bei einer Versteigerung einbringen. Big Sushi- und Sashimi-Business kennt keine Grenzen und keine Gnade. Große Speisefische werden gejagt bis auf die letzte

Meeresflosse. Es soll Fischhändler geben, die Thunfische jetzt einfrieren, um sie später zu verkaufen, wenn die Fische noch seltener und die Preise noch höher sind!

Die EU fischt mit hoch automatisierten Riesen-Tiefkühltrawlern die Küsten Westafrikas leer, den schon seit Ewigkeiten fischfangenden Einwohnern bleibt nichts zum Leben. Japan fischt den zentralen Indopazifik leer, den schon immer vom Meer lebenden Einwohnern der Riffregionen bleibt nichts zum Leben. Und so weiter und so fort. Es regt mich auf, dies aufschreiben zu müssen! Die Wasserwelt ist nicht fair und friedlich, sie ist mies und verschwiegen. Mal wieder werden die Schwächsten nach Belieben ausgenutzt, und wir machen als Konsumenten mit. Ich aß früher gern Fisch, doch jetzt nicht mehr, weil mir das schmutzige Geschäft damit den Appetit verdirbt. Ansonsten haben Fische Vorteile gegenüber den Schweinen und Masthühnern: Sie dürfen ihr Leben lang frei herumschwimmen, und nur das Ende ist wenig erfreulich.

Aber Moment, gibt es nicht längst schon Fischzuchten, die angeblich bis zu 40 Prozent des Bedarfs decken und die Fischversorgung der Menschheit lösen könnten?

Wer's glaubt! Es gibt sehr viele Lachszuchten in den Fjordregionen dieser Erde, Tendenz steigend. Früher wurden Lachse extrem dreckig produziert. Man pferchte sehr viele Mini-Lachse in Schwimmkäfige, schüttete reichlich Futter, Hormone und Antibiotika hinein und sah mit Dollars in den Augen den schwimmenden Millionen beim Wachsen zu. Der überschüssige Dreck rieselte derweil unten auf den Fjordgrund und bildet schweflig-faulig-fädig blubbernde Abraumhalden, die nach und nach ganze Fjorde vergifteten. Ich war in solchen Gefilden tauchen, und ich sage Ihnen, das sind Szenen und Geschmäcker – über die Lippen am Atemregler hat man leider das volle Programm – aus einer anderen, postapokalyptischen Welt. Die überschüssigen Nährstoffe und Medikamente veränderten das Plankton, die Nahrungskette und das Leben in der Region. Und wir Verbraucher bekommen richtig umweltfiesen Ekelfisch mit einer Extraportion Hormonen und Antibiotika für besonders langlebige und resistente Keime. Da freut sich nicht nur der Magen, sondern auch der Dickdarm!

Mittlerweile wird in Skandinavien – abgesehen von umweltschädlichen Pestizidmischungen gegen Fischläuse – sauber produziert, schon aus Selbsterhaltungsgründen, in Südamerika aber eher nicht. Wozu auch, wenn es dort im wilden Westen Patagoniens niemand ernsthaft interessiert – die Kunden offenbar auch nicht – und die Produktion billiger ist, also noch mehr Profit hängen bleibt?

Bleibt die Frage, wo das Fischfutter eigentlich herkommt. In Skandinavien benutzt man immer mehr pflanzliche Zutaten, soll wohl heißen, GVO-Soja aus Brasilien wird in rauen Mengen dem klassischen Fischmehl zugegeben. Wie ließe sich sonst erklären, dass aus einem Kilo Fischmehl-Futter angeblich ein Kilo Lachs entsteht? Oder doch ein Wunder, ein »perpetuum fischile«?

Fressen Lachse nicht viele kleine Fischchen? Heringe, Sardinen, Sardellen? Die riesigen Schwärme aus den Tierdokus? Ja, die werden in Millionen Tonnen zu Fischmehl gemahlen, mit ziemlich gesundheitsschädlichem Konservierungsmittel vermengt und in die Fischfarmen geschüttet. Oder an Hühner verfüttert. Aber nur zu einem geringen Anteil, denn sonst wird das Ei oder Huhn fischig, und Grenzwerte des Konservierungsmittels werden überschritten. Wie gut, dass es bei Fisch eben solche Grenzwerte nicht gibt!

Wissen Sie was? Wenn ich noch Fisch essen würde, ich würde ihn selbst fangen oder an Weihnachten teuren Biofisch kaufen. Die werden nämlich mit Fischabfällen der Filetproduktion gefüttert, »Eh-da-Fisch« also, angeblich.

Jetzt haben wir so viel über Fische geredet, aber im Meer
gibt es doch auch knuffige Wale, süße Delfine und niedliche
Robben? Ja, noch, denn diese stehen am Ende der Nahrungskette, und wenn sie nicht an Plastiktüten verrecken, in Net-
zen ersticken oder aus Versehen mitgefischt werden und genug
Fischnahrung finden, sammeln sie im Laufe ihres Lebens so
viel Schwermetalle in ihrem Körperfett an, dass sie vermutlich Immunprobleme bekommen und als Sondermüll entsorgt
werden, wenn sie stranden. Was ist mit Schildkröten? Überall
gefährdet, durch Plastiktüten, Verlust geeigneter Laichstrände
und Klimawandel. Und Haie? Gefährdet, vor allem die Flossen.

Die allermeisten Tierarten im Meer sind wirbellos und
eher klein. Viele kennen wir mit Namen, andere nicht. Etwa
30 Prozent scheinen bei uns bedroht zu sein, ausgestorben ist
in deutschen Gewässern wohl noch niemand. Das ist auch gar
nicht so leicht, denn bisher dachten wir, dass marine Arten
eher weiter verbreitet sind als Kollegen an Land. Dass sie entweder selbst wandern oder über Larvenstadien sehr beweg-
lich sind, mit Temperaturänderungen mitwandern können,
ohne auf Grenzen zu stoßen. Wer wen frisst, wer sich wie
fortpflanzt, wer welche Rolle im System spielt, ist weitgehend
unbekannt.

Immer wieder finden wir neue Arten, bei uns, im Mittelmeer, weltweit. Manche haben wir schlichtweg bisher überse-
hen, andere sind schwer zu unterscheiden, und erst genetische
Analysen zeigen, dass wir in den Bestimmungsbüchern bisher oft falsch lagen. Wir haben kryptische Arten nicht als das
erkannt, was sie sind: Sich ähnlich sehende Arten, die durchaus unterschiedliche Verbreitungsgebiete haben können, andere
Umweltanforderungen, auch andere Anpassungsfähigkeiten
gegenüber dem Wandel im Meer, der wohl noch viel dramati-
scher ablaufen wird als an Land.

Wieso jetzt das? Im »Blauen Planeten« und anderen aufwendig produzierten Dokus scheint das Meer doch geradezu zu strotzen vor Farben und Fülle? An einigen mühsam gefundenen Stellen bestimmt. Ansonsten werden die Ozeane vom Flachwasser bis in die Tiefsee notorisch überfischt, vermüllt, verschlammt, überdüngt, vergiftet, erwärmt und versauert, die Meeresböden mit Bodennetzen umgepflügt, die allermeisten Küsten zu intensiv genutzt.

## Schutzgebiete

Ja, es gibt Naturschutzgebiete in Deutschland, knapp 9000 sogar, auf über drei Prozent der Gesamtfläche und in allen möglichen Lebensräumen. In ihnen hat die Natur Vorrang. Aber die allermeisten sind klein und voneinander isoliert. Durch Straßen zerschnitten, über die Schmetterlinge ungern fliegen. Durch gespritzte Äcker unüberwindbar getrennt. Verbindende Elemente wie Hecken und Gebüsche, Bäche oder Blühstreifen fehlen. Die 16 großflächigeren Nationalparks genießen denselben strengen Schutzstatus und sind wertvolle naturnahe Lebensräume; es gibt sie etwa im Wattenmeer, im Bayrischen Wald oder in den Berchtesgadener Alpen. So wichtig sie sind, insgesamt bedecken sie nur 0,6 Prozent der Landesfläche. Ein schlechter Witz!

Die großen Vorzeigezahlen »geschützter« Gebiete beziehen sich auf laxe Landschaftsschutzgebiete und Naturparks, mit jeweils fast 28 Prozent der Landesfläche. Dazu kommen rund 15 Prozent sogenannte FFH-Flächen – nach der Flora-Fauna-Habitat-Richtlinie der EU – und 16 Biosphärenreservate. Klingt alles wunderbar, aber merken Sie was? Die Flächen überlappen. Und gut geschützt sind sie offenbar auch nicht, denn sonst gäbe es keinen dramatischen Artenschwund. Ich will nicht sagen, dass solche Parks außer Alibis gar nichts bringen und reine Tourismus-, Marketing- und Beschwichtigungselemente sind. Aber ihre Naturschutzfunktion reicht nicht annähernd.

Was wir bräuchten, egal wie man das dann möglichst wohlklingend nennt, wären mindestens 20 Prozent der Bundesfläche an Land und 50 Prozent der Meeresfläche unter strengem Naturschutz, inklusive aller bedrohten Lebensräume und der besonders artenreichen Gebirge, nur mit naturdienlicher Bewirtschaftung. Weitere 30 Prozent, inklusive aller restlichen Staatswälder und sonstiger nicht oder nur extensiv genutzter Flächen, könnten für sanfte, nachhaltige Nutzungsarten reserviert und weitgehend renaturiert werden. Natürlich vernetzt und mit Korridoren für Wanderungen von Flora und Fauna im Zuge des Klimawandels. Und auch auf dem Rest der Flächen gehören Pestizide, Düngemittel und andere Schadstoffe erst minimiert und dann abgeschafft.

Horrende Verluste, Enteignungen, wütende Bauern und lärmende Waldbesitzer mit ihren Traktoren vor dem Reichstag, Pestizidschwaden nebeln die Hauptstädte ein? Nichts von alledem: In einer Umfrage haben sich Waldbesitzer mehrheitlich für eine naturnahe Bewirtschaftung ausgesprochen. Es gäbe genug Geld, sehr gute Gründe und effektive Konzepte für einen umwelt- und sozialverträglichen Umbau der Forst-, Landwirtschafts- und Fischereiwirtschaft hin zur Nachhaltigkeit – und rechnen würde er sich mittelfristig sowieso. Lohnend auch für unsere Gesundheit und die Lebenserwartung unserer Kinder. Man müsste es nur wollen.

Will man aber anscheinend (noch?) nicht.

## —————— DIE KREFELDER STUDIE ——————

*Sie ist die leuchtend sichtbare Spitze des Literatur-Eisberges über das Insektensterben. Und sorgte 2017 für ein großes Medienecho. Was für Artenforscherprofis fast selbstverständlich klingt, erreichte erstmals das breite Publikum: Die Biomasse flugfähiger Insekten nahm über 27 Jahre hinweg an vielerlei Standorten um durchschnittlich 76 Prozent ab.*

*Das wirklich Beunruhigende dabei: Diese Standorte waren in Schutzgebieten! Was meinen Sie, wie sieht es wohl in nicht geschützten Gebieten aus? Und wie sieht es aus, wenn wir nicht Biomasse messen, sondern Arten zählen, Entwicklungen überwachen? Wäre das nicht wichtig, auch als Staatsaufgabe?*

*Genau, dazu müsste es ja auch Leute geben, die die Arten bestimmen könnten, neue Arten erkennen und beschreiben könnten … Experten, Artenforscher! Gibt es aber nicht mehr, bezahlt schon gar nicht. Deshalb wurden die vielen Daten zur legendären Krefelder Studie im Wesentlichen auch von Fachamateuren des entomologischen Vereins Krefeld erhoben. Gedankt sei ihnen für ihre ehrenamtliche Arbeit!*

## Der Wandel in Mitteleuropa

Seit Jahrhunderten hat der Mensch in Mitteleuropa die Natur verändert, aber noch nie so schnell und so massiv wie heute. Zu schnell für Anpassungen, zu schnell, um auszuweichen, insbesondere an Land, wo jeder nicht streng geschützte Quadratmeter genutzt wird. Eine menschengemachte Disruption, eine Zerstörung von Evolutionsgeschichte, ein Ökozid findet statt, direkt vor unserer Nase. Wir bemerken es nur nicht, weil wir weder erkennen noch unterscheiden können, was da alles kreucht und fleucht oder es nun nicht mehr tut.

Jede Pflanze, jedes Tier braucht Lebensraum mit jeweils geeigneten Umweltbedingungen. Verschwinden solche Lebensräume, bedeutet es das Aus für ihre Bewohner. Seltene Lebensraumtypen sind samt und sonders bedroht, in Deutschland und drum herum. Aber auch in ganz gewöhnlichen, häufigen Habitaten brennt es: Aus Äckern und Wiesen, von Brachflächen, Randstreifen und Feldhecken verschwinden Pflanzen und Tiere momentan am allerschnellsten. Je nach Gruppe sind ein bis zwei Drittel aller Tierarten bei uns bedroht. Wenn es keine einigermaßen großen und stabilen Wälder gäbe, lägen die Zahlen noch viel höher.

Und leider wird es auch unseren Forsten und Wäldern durch den Klimawandel massiv an den Kragen gehen, schon in wenigen Jahrzehnten dürfte nicht nur »der deutsche Wald« komplett anders aussehen als heute. Am schnellsten und heftigsten werden sich Gebirge verändern, mit Massensterben Tausender bis Zehntausender Arten. Mit den Arten verschwinden nicht nur Bestäuber und fröhliche Frühlingszwitscherer, sondern auch Bodenfruchtbarkeit und sauberes Trinkwasser. Mit den natürlichen Böden und Wäldern verschwinden Erholungsoasen, Wasserrückhaltesysteme, Sauerstoffproduzenten, $CO_2$-Senker. Natürlich verschwinden auch moralische Ansprüche an uns selbst und enorme wirtschaftliche Werte, Industrien und Existenzen.

Pech für Bauern, Waldbesitzer und Skiliftbetreiber? Ja, und für uns alle, die wir Luft atmen, Wasser trinken, Nahrung brauchen, draußen Sport treiben und uns erholen wollen, die Natur genießen, in einem stabilen System aufwachsen und eine Familie haben wollen, arbeiten und friedlich unser Leben leben wollen. Momentan reden wir noch aufgeregt über ein paar symbolische Bienchen und Blümchen, doch im Hintergrund bröckelt längst unsere Lebensgrundlage!

# ARTENSTERBEN GLOBAL

Das Schicksal der Natur, der Insekten, der Arten in Deutschland und drumherum ist schlimm, ja. Doch mal ehrlich, unter uns, wen juckt's?

Geht Ihnen das Schicksal von Wildbienen und Waldbauern wirklich so nahe? Würden Sie deshalb auf Burger, Smartphones und SUVs verzichten? Ja? Dann wären Sie die absolute Ausnahme!

Warum? Das Klima in Mitteleuropa ist vergleichsweise angenehm, unsere Böden haben seit der Eiszeit viel Humus angesammelt und lassen sich noch eine Weile weiter ausquetschen. Nach der Dürre kommt der Regen. Gegen Ernteausfälle, Fluten und Tornados können wir uns versichern. Unsere Ökonomie brummt, unsere Ingenieure sind erfinderisch, erneuerbare Energien sind auf dem Vormarsch. Mit Elektroautos halten wir uns mobil, erholen können wir uns virtuell, mit Technik und Designerfood lässt es sich schon noch eine Weile gut überleben. Noch wähnt sich Europa in Sicherheit, im »Sterben light«. Wozu sich also ändern?

Deshalb: Richtig verheerend ist der Blick auf das globale Geschehen. Und da geht es ganz anders zur Sache als bei uns daheim. Jetzt schon und in Zukunft noch viel mehr.

Natürlich hängt alles mit allem zusammen, das Meer, das Klima, auch die globalen Warenströme und unsere Ernährung. Alles, was wir tun oder nicht tun, hat Einfluss auf die globale

Artenvielfalt, auf die ganz großen Ökosysteme, entscheidet darüber, ob und wie lange noch anderswo die Natur funktioniert. Entscheidet über unsere Lebensgrundlage und eigene Zukunftschancen.

## Wie viele Arten kennen wir?

Um zu wissen, was ausstirbt, müssen wir zuerst betrachten, was es alles gibt. Das ist in Deutschland schon schwer zu sagen, insbesondere bei kleinen Organismen. Woanders gilt das natürlich umso mehr. Die Wissenschaft, genauer gesagt die Artenforscher, haben über die letzten Jahrhunderte in allen Regionen der Erde vielerlei Tierarten entdeckt und beschrieben. Haben Arten verglichen und neuen Arten Namen gegeben. Vorsichtig geschätzt sind es insgesamt bisher 1,5 Millionen Tierarten. Gut eine Viertelmillion Tierarten leben im Meer, der Rest an Land oder im Süßwasser.

Schaut man auf die großen Tiergruppen, liegen die Insekten mit über einer Million Arten weit vorn; vor allem sind es Käfer, Schmetterlinge und Hautflügler wie Bienen, Wespen und Ameisen, aber auch Fliegen und Mücken und etliche flügellose Gruppen als wichtige Bestandteile der Bodenfauna. Spinnentiere, zu denen auch Skorpione und Milben gehören, glänzen mit 100.000 bekannten Arten. Ähnliche Zahlen erreichen Weichtiere, also Schnecken, Muscheln, Tintenfische und Verwandte. Auch Krebstiere, Ringelwürmer und viele andere »wurmartige« Wirbellose sind artenreich, jedoch wenig erforscht. Von Einzellern kennt man gerade mal gut 3200. Die Dunkelziffer noch nicht entdeckter Arten bei den Wirbellosen ist sicherlich gewaltig.

Und wir, die Wirbeltiere? Etwa 65.000 Arten kennt man global beim Namen, davon etwa die Hälfte sind Fische. Vögel und

Reptilien bringen es jeweils auf etwa 10.000 Arten, Amphibien noch auf 7000 – und pelzige Säugetiere auf 5500. Am besten untersucht sind Vögel und Säuger, aber auch hier findet man ab und zu noch Überraschungen, neue, faszinierende Tierarten. Die Genetik hilft uns dabei: So besteht »die Giraffe« wohl aus vier Arten, »der Orang-Utan« aus drei Arten, und neben Indischen und Afrikanischen Elefanten gibt es wohl eine dritte Art, die kleineren Waldelefanten. Auch wenn sie einander ähneln, sonst hätte man die Extra-Arten ja schon früher voneinander unterschieden, zeigen sie doch spezielle Anpassungen und Eigenheiten, etwa Leben in der Savanne oder im Wald bei den Elefanten. Und insbesondere kommen sie nicht so häufig und weit verbreitet vor als früher gedacht. Das macht die Arten empfindlicher gegen Veränderungen der Umwelt, aber natürlich auch gegen Jagd und Wilderei. Will man Waldelefanten erhalten, nützt es wenig, nur die Savannen oder die Afrikanischen Elefanten zu schützen. Es ist also fundamental wichtig zu wissen, welche Arten es gibt, wo sie leben und was sie dort genau tun.

Zusätzlich zu den 1,5 Millionen Tierarten gibt es weltweit über 330.000 Pflanzenarten, etwa mit Blütenpflanzen, Farnen und Moosen, über 140.000 Pilzarten und natürlich auch noch vielerlei »Bakterien« und Viren. Je kleiner, desto schlechter sind die Arten erforscht, von einigen fiesen Parasiten und Krankmachern mal abgesehen.

## Wie viele Arten gibt es wirklich?

Das ist äußerst schwer zu sagen. Gängige Schätzungen belaufen sich auf etwa eine halbe Million Pflanzenarten, mindestens drei Millionen Tierarten, wohl eher zwischen fünf und zehn Millionen, vielleicht auch 20 oder gar 100 Millionen! Die meisten, rund 80 Prozent, wohl an Land, davon wieder 80 Prozent Insekten. Und vielleicht noch mal ähnlich viele Pilze und Mikroben, viele im Meer …

Über die Ozeane wissen wir generell viel zu wenig: Wo auch immer wir Meeresschnecken sammeln, finden wir neue Arten. Im Mittelmeer, in der Nordsee, in der Antarktis. In der Tiefsee sowieso: Über 80 Prozent der Schneckenarten aus dem vormals unbesammelten Abyss des Südostatlantiks waren neu. Kleine neue Krebschen gibt es dort in Unmengen, vielleicht Hunderte pro Sammelstation. Niemand hat Zeit und Geld, diese unglaubliche Vielfalt zu inventarisieren und zu beschreiben. Leider.

## Wo gibt es am meisten Vielfalt?

Je näher am Äquator, desto mehr Arten gibt es in der Regel. Oder gäbe es, wenn sich der moderne Mensch nicht einmischen würde. Native Wald- und Savannenvölker von den Buschmännern bis zu den Yanomami dagegen kamen langfristig und gut mit der »Ressource Natur« klar.

An Land war und ist es in Äquatornähe ganzjährig warm und feucht. Das ist gut für das Pflanzenwachstum, damit gibt es Tierfutter. Nährstoffarmut über lange Evolutionszeiträume in Verbindung mit kleineren Klimaschwankungen begünstigte die Einnischung neuer Pflanzenarten, also Bildung von Spezialisten. Und je mehr Pflanzenarten es gibt, desto mehr Tierarten können entstehen. In diesen wiederum leben spezielle Parasiten. In diesen spezielle Einzeller mit speziellen Bakterien… Artenvielfalt bedingt eben noch viel mehr Artenvielfalt.

Das Nonplusultra der Artenvielfalt wären tropische Tieflandregenwälder, die jedoch global schon weitgehend verschwunden – also gerodet oder abgebrannt – sind. Auch Bergregenwälder, Nebelwälder, tropische und subtropische Trockenwälder und

Savannen sind äußerst artenreich. Und generell Gebirge, denn aufgrund der verschiedenen Höhenstufen variieren Temperatur, Feuchte und Vegetation. Zudem verursachten Klimaschwankungen auch hier Artaufspaltungen und spezielle Anpassungen an Umweltbedingungen, deren fortschreitenden Änderungen etwa durch Wanderungen ausgeglichen werden müssen.

## Regenwälder

Leider gehören tropische und subtropische Wälder zu den am meisten gefährdeten Lebensräumen überhaupt. Verlässliche Zahlen gibt es nicht, so scheinen je nach Quelle noch knapp zwei Drittel bis die Hälfte der ursprünglichen tropischen Regenwälder erhalten zu sein. Die jährliche Abnahme liegt je nach mehr oder weniger regierungsnahen Quellen bei sieben bis 13 Millionen Hektar pro Jahr, über die Jahrzehnte hinweg liegt der Flächenverlust an Primärwäldern bei ein bis zwei Prozent pro Jahr. Alle zwei bis vier Sekunden geht etwa ein Fußballfeld Regenwald verloren, immer und immer wieder. Wertvolle Baumriesen werden gefällt und verkauft. Der restliche Wald wird meist abgebrannt, für Rinderweiden und Ackerland, wohl nur etwa 15 Prozent von Kleinbauern, der Großteil aber für industrielle landwirtschaftliche Betriebe. Immer öfter sollen auch großflächig Rohstoffe wie Öl und seltene Erden unter den Wäldern ausgebeutet werden. Alle Bemühungen, die Abholzungen zu bremsen oder zu stoppen, schlugen bisher fehl. Ob es daran liegt, dass sehr viel Geld im Spiel ist? Bei gleichbleibender Rodungsfläche pro Jahr wären die Regenwälder in einigen Jahrzehnten ratzeputz verschwunden und mit ihnen alle spezialisierten Lebewesen, also so gut wie alle Bewohner des Waldes – und wieder sind ein oder zwei Fußballfelder Regenwald weg!

Erschwerend hinzu kommt, dass die großen Regenwaldgebiete, insbesondere im ozeanfernen Amazonasbecken und im Kongobecken, durch Verdunstung und Abregnen quasi ihr eigenes Klima generieren. Schwinden die Waldflächen, wird es wärmer und trockener. Wird es zu trocken, kippt das System recht plötzlich um: Der Regenwald stirbt, weil es zu wenig oder zu unregelmäßig regnet, auch wenn man ihn nicht komplett rodet.

Wie viel Restfläche bleiben muss, um solchen Kollaps zu vermeiden, kann man nur ahnen. Ein Drittel, ein Viertel? Also die Hälfte von dem, was noch da ist? Möglichst viel!

## Böden

Was hat Boden mit Artenvielfalt zu tun? Eine ganze Menge, so leben Milliarden von Mikroben in einer kleinen Handvoll Erde, egal an welcher Stelle man sie ausbuddelt. Dazu kommen oft Tausende von winzigen Schnecken, Würmern, Spinnentieren und Insekten. Welche Arten nun genau wo vorkommen und wie viele es jeweils sind? Das weiß man nicht! Nicht einmal in Deutschland wissen wir halbwegs genau, was sich alles in der Bodenstreu und darunter tummelt. Wir sind erst ganz am Anfang, die Lebewesen der Böden, ihre Biologie und ihre Funktionen im System kennenzulernen. Für Inventuren des Lebens gab es kein Geld. Wozu auch? Böden sind eine »Blackbox«: Hauptsache, sie funktionieren, sind fruchtbar, bringen Nahrung und Geld!

Genau das tun die Böden aber immer weniger. Ausgezehrt von intensiver Landwirtschaft, vergiftet durch Pestizide nimmt der Humusgehalt überall ab, auch der Gehalt an Lebewesen und deren biologische Aktivität. Ohne Pilze und andere Mikroben keine Krümelstruktur, weniger Haltevermögen für Nährstoffe, weniger Pflanzenwuchs. Auf Dauer weniger Ertrag. Man schätzt, dass wir global jährlich etwa zwei Prozent landwirtschaftlichen

Nutzen verlieren, durch Flächenverluste an Wüsten oder Schädigung der Böden. Degradierende Böden verursachen gewaltige Emissionen von Treibhausgasen. Und vermutlich verlieren wir auch massiv an Artenvielfalt. Kurzfristig scheint das für uns Menschen okay zu sein, aber gilt dies auf längere Sicht?

## Korallenriffe

Im Meer sind tropische Korallenriffe auf Platz eins der Artenhitliste: Auf nur 0,1 Prozent der Ozeanfläche kommen hier etwa ein Viertel aller bekannten Arten vor. Abermilliarden kleiner Korallenpolypen haben über Tausende Jahre hinweg gewaltige Kalkstrukturen in den warmen flachen Meeren geschaffen, einen Lebensraum löchrig wie Schweizer Käse, mit ungemein vielen – im wahrsten Sinne des Wortes – Nischen für mannigfaltigste Mitbewohner. Korallenriffe sind Oasen des Lebens in der nährstoffarmen blauen Wasserwüste. Man könnte Riffe aber auch als marine Wertstoffhöfe bezeichnen, denn hier werden Nährstoffe aus dem Wasser gefiltert, gesammelt, zu Neuem zusammengebaut und immer wieder recycelt. Am höchsten ist der Artenreichtum der Riffe im indopazifischen Korallendreieck um Indonesien herum.

In der Hitliste der am meisten gefährdeten Ökosysteme liegen Korallenriffe ebenfalls auf Platz eins! Die riffbildenden Steinkorallen können nur wachsen und gedeihen, weil sie kleine fotosynthetisch aktive Symbionten in sich tragen, Dinoflagellaten der Gattung *Symbiodinium*. Die Koralle fängt ab und an Plankton, verdaut es zu $CO_2$; der bräunliche Symbiont wiederum verwandelt dieses und weiteres $CO_2$ aus dem Meerwasser unter Lichteinfluss zu Zucker, dabei fällt Kalk aus, das Korallenskelett wächst. So toll diese Partnerschaft normalerweise funktioniert, so wenig vertragen die Symbionten zu warmes Wasser.

Dann bilden sie Giftstoffe, und die Koralle wirft sie gezwun-
genermaßen vor die Tür. Das Polypengewebe wird transpa-
rent, das Kalkskelett ist weiß und scheint durch, das Riff bleicht.
Ohne Symbionten hungern die Korallen. Wird es bald wieder
kühler, können neue Symbionten aus dem Wasser aufgenommen werden. Bleibt die Wärme ein paar Wochen erhalten, stirbt
die Koralle ab. Oft setzen sich Algen auf dem toten Kalkskelett
fest, Bohrschwämme perforieren es, und vielerlei Fische brechen ganze Stücke ab. Die Korallen, das Riff erodiert recht flott.
Eine Wiederbesiedlung findet nur statt, wenn es Nachschub an
Korallenlarven gibt und der Untergrund nicht zu sehr veralgt
ist. Dann dauert es mehrere Jahre, bis das Riff wieder zu alter
Pracht und zu altem Artenreichtum zurückfindet.

Das Weltmeer wird aber immer wärmer, und Korallenblei-
chen globalen Ausmaßes häufen sich in den letzten Jahren.
Zudem versauert der Ozean durch Aufnahme von $CO_2$ aus der
Luft immer mehr, was die Kalkbildung gerade bei kleinen Poly-
pen erschwert und zusätzliche Energie kostet, die gebleichte
Korallen nicht haben. Über den Daumen schätzt man Riff-Ver-
luste von zwei Prozent im Jahr, Tendenz stark steigend. Optimistische Riffforscher gehen davon aus, dass so gut wie alle
größeren Riffe bis zum Jahr 2050 abgestorben sein werden –
und die meisten Riffbewohner ebenfalls absterben werden.

Weniger optimistische Kollegen wären erfreut, würden ein
paar größere Riffe das kommende Jahrzehnt überleben.

## Kaltwasser

Recht artenreich ist auch der Sockel der Antarktis: Im Wech-
selspiel der Eiszeiten haben sich hier erstaunlich viele Arten
evolviert: Populationen in eisfreien Refugien wurden durch
Gletscher getrennt, lebten sich über Jahrtausende auseinander,

rein zufällig oder etwa über Spezialisierung auf unterschiedliche Nahrung, und konnten sich nach Rückzug der Vereisung nicht mehr mit den ehemaligen Artgenossen von anderswo paaren. Das Meerwasser um die Antarktis herum ist bis zu minus 1,8 °C kalt, die Lebewesen sind daran angepasst und sterben, wenn es wärmer wird.

Nun schlägt aber die globale Erwärmung in Teilen der Antarktis besonders hart zu, rasant erwärmen sich die Gewässer um die Antarktische Halbinsel herum. Wer sich nicht in die kältere Ostantarktis oder in die Tiefsee zurückziehen kann, verschwindet für immer. Ja, es gibt höheres Leben bis hinab in die Tiefseegräben mit bis zu elf Kilometer Tiefe. Und der Lebensraum Tiefsee ist riesig: Er umfasst etwa die halbe Erdoberfläche. Was lange einförmig und öde erschien, könnte sich als äußerst artenreich erweisen – man schätzt, etwa eine bis 100 Millionen Tierarten könnten sich in den riesigen abyssalen Ebenen und den Zehntausenden von Unterwasserbergen verbergen. Doch dazu müssten wir diese Regionen erforschen. Was wir sehr gern täten, wenn wir die Mittel dafür bekämen. Verschwindend gering übrigens, verglichen mit den üblichen Weltallmissionen.

Was auch immer da unten lebt, es ist an Minimaltemperaturen angepasst; kälter ist es nirgends, also fällt Auswandern in kühlere Regionen als Rettungsmaßnahme aus. Doch sogar die Tiefsee erwärmt sich schon messbar. Denn im kalten Nordatlantik und um die Antarktis sinken gewaltige Mengen Oberflächenwasser in die Tiefe, nicht mehr ganz so kalt wie früher – und mit extra viel $CO_2$ angereichert. Das ist zunächst einmal gut für uns Menschen, da so sehr viel $CO_2$ aus der Atmosphäre und den Oberflächengewässern entfernt wird. Es sinkt für etwa 1000 Jahre ins Abyss. Und das ist schlecht für Organismen, die da unten leben und Kalkschalen bauen müssen. Myriaden einzelliger Foraminiferen zum Beispiel, aber natürlich auch Schnecken und Muscheln, Krebstiere und Stachelhäuter. Was immer da unten wohnt, lebt, (re)produziert, es ist nicht mehr sicher und wird wohl über kurz oder lang absterben, mit völlig ungeahnten Folgen für die Kreisläufe in den Ozeanen.

## Freiwasser

Bis uns die Tiefseeprobleme einholen mag dauern, doch wissen wir es nicht. An anderer, ebenfalls wenig bekannter Stelle befinden wir uns aber schon mitten im Schlamassel: Im Freiwasser, dem offenen Ozean, dem größten produktiven Lebensraum der Welt. Unzählige Mini-Algen schwimmen hier als Phytoplankton herum und produzieren unter $CO_2$-Verbrauch Sauerstoff und Zucker. Viele der häufigsten Algenarten sind grünlich und leben in selbst gebauten Kalkschalen. Diese Coccolithophoriden tun sich dabei in immer saureren Gewässern schwerer, andere Algen ohne Kalkskelett bekommen Wettbewerbsvorteile. Nun sind Coccolithophoriden nicht nur beste $CO_2$-Senker, denn nach Absterben sinkt die Kalkschale samt dem enthaltenen $CO_2$ in die Tiefsee, sondern auch bestes Futter für das Zooplankton. Während schalenlose Konkurrenten mangels schützender Schale gern auch mal Giftstoffe produzieren, die sich über die Nahrungskette anreichern und bei Warmblütern wie uns zu Problemen führen.

Erinnern Sie sich an den Spruch, man solle Muscheln nur in den Monaten mit »r« am Ende essen? Das liegt an den Blüten giftiger Algen im Frühjahr und Sommer... Alte Weisheiten verschwimmen zusehends: Wärmere, saurere, dreckigere Ozeane führen wohl zu mehr giftigen Algen, mehr Algenblüten, mehr giftigen Roten Tiden, damit zu mehr Problemen, von Massensterben von Walen bis hin zu vergifteten Muscheln in Zuchten. Mangels guter Daten wissen wir keine Details, nur eines ist sicher: Das Ökosystem Freiwasser ändert sich gerade überall massiv und wohl kaum zum Vorteil der Artenvielfalt oder der Produktivität für Fischereiwirtschaft.

Wie funktioniert die Nahrungskette im Freiwasser, von der Kalkgrünalge zum Blauwal? Nun, das Phytoplankton wird von kleinen Tierchen, überwiegend Flügelschnecken oder Krebschen, also Zooplanktern, gefressen, diese wiederum von anderen Zooplanktern und Fischen, und spätestens dann kommt auch schon der Wal mit seinem riesigen Maul und seinen siebartig Zooplankton-filtrierenden Barten ins Spiel. Tonnenweise nahrhaftes und eiweißreiches Zooplankton wird so gefressen, gerade in produktiven, nährstoffreichen kühlen Gewässern wimmelte es von Schneckchen und Krebstieren in riesigen Schwärmen. Doch auch das ändert sich gerade: Die Flügelschnecken, wie viele andere Meerestiere auch, verwenden eine spezielle Kristallform beim Bau ihrer Kalkschalen, das Aragonit. Leider löst es sich besonders leicht im mit $CO_2$ angereicherten Seewasser auf. Und je kälter das Wasser, desto mehr $CO_2$ löst sich und desto korrosiver wirkt die Brühe: Die Schalen müssen energetisch aufwendiger gebildet werden und bekommen buchstäblich Löcher. Schneckchen mit verätzten Schalen entwickeln sich nicht gut und werden von Nahrungskonkurrenten verdrängt. Um die Antarktis herum und in vielen anderen Gebieten wohl auch, sind das Quallen, Rippenquallen und andere Vertreter des sogenannten gelatinösen Planktons. Glibbertiere, oftmals mit Nesselkapseln, die hauptsächlich aus Wasser bestehen und trotz ihres großen Volumens kaum nahrhaft für größere Tiere sind.

Bestimmt wissen Sie, dass Buckelwale sich in polaren Gewässern den Bauch vollschlagen, insbesondere mit Flügelschnecken und Krill, um dann in wärmere, aber nahrungsarme Gefilde zu wandern und dort ihre Jungen zu bekommen? Damit könnte bald Schluss sein, und das wäre vermutlich auch das Ende etlicher Walarten. Uralte marine Nahrungsketten zerbrechen wohl gerade, man spricht von der »jellyfication« der Meere, der »Gelatinierung«, oder einfacher »Verquallung«. Natürlich trifft das nicht nur Wale und Seevögel, sondern auch die globale Meeresfischerei. Und das Allerschlimmste: Wir können rein gar nichts direkt dagegen tun! Indirekt aber sehr wohl: Runter mit dem $CO_2$-Ausstoß, und zwar sofort und gewaltig!

## MACHT SAUER DOOF?

*Die Ozeane saugen begierig immer mehr $CO_2$ aus der Luft, es bildet sich Kohlensäure. Wir ahnen die Konsequenzen: Die Meere werden »saurer«, dann lösen sich Kalkschalen und Riffe, das Phytoplankton und das ganze Ökosystem im Freiwasser ändert sich. Vielleicht ein Drittel der Arten bekommt direkt Probleme mit dem für sie ätzenden Wasser, zusätzlich leiden andere Mitglieder der Nahrungsnetze. So weit, so schlecht. $CO_2$ wirkt sich darüber hinaus auch direkt auf die Lebensfunktionen der Meerestiere aus. Auf unseren Expeditionen verwendeten wir $CO_2$ immer zum schnellen Betäuben und Töten von Schnecken und anderem Getier. Ein kurzer Sprudelstoß ins Aquarium und – schwupp – wie vom Blitz getroffen kippten sie um. Wie aber reagieren Meerestiere auf ein bisschen mehr $CO_2$ im Meerwasser? $CO_2$ scheint auch schon in geringer Dosis zu narkotisieren, die Schnecken reagieren langsamer, ziehen sich bei Berührung langsamer zurück. Und Fische wurden in Experimenten unvorsichtig, verließen ihre Verstecke und wurden leichte Beute. Natürlich sind das nur erste Hinweise, aber die durch $CO_2$ im Meer der Zukunft ausgelösten Verhaltensänderungen könnten dramatisch sein. Wer hätte daran gedacht? Und an welche anderen Konsequenzen sollten wir noch denken? Viel mehr Forschung und Vorsicht im Umgang mit Organismen und Ökosystemen, von und mit denen wir leben, täten not.*

# DEAD AS A DODO: WAS STIRBT WANN?

Tot wie der Dodo« gilt Englischsprachigen als Metapher für wirklich mausetot, ausgestorben, ausgerottet, wie der legendär »dumme« Laufvogel auf Mauritius. Er war lecker und leichte Beute für die hungrigen Jäger, Pech gehabt. Ein Einzelfall? Einigen großen flugunfähigen Vögeln erging es so. Weitere Großtiere wie Nashörner und Raubkatzen, aber auch Leckereien wie die schuppigen Pangoline und Gürteltiere, Blaue Thunfische und sogar etliche Meeresschnecken und Seegurken könnten der Jagd, Fischerei und Wilderei bald zum Opfer fallen. Aber die meisten Arten sind doch klein und werden nicht gegessen. Wie viele Arten sterben denn nun aus?

Von den knapp zwei Millionen bekannten Arten weltweit sind nur 91.523 Tier- und Pflanzenarten anhand ihrer Gefährdung bewertet, in der sogenannten Roten Liste der IUCN, der *International Union for Conservation of Nature*, einer Weltnaturschutzunion. 25.821 Arten, also knapp 30 Prozent, gelten als bedroht. Nur gut 2000 Tierarten gelten laut IUCN als kürzlich ausgestorben oder vermutlich ausgestorben. Doch sind allein schon über 1000 Arten von Weichtieren seit dem Jahr 1950 verschwunden, schätzungsweise sogar über 5000 der rund 85.000 Arten weltweit. Man könnte abstrahieren auf ungefähr zehn Prozent ausgestorbene Arten nur in den letzten Jahrhunderten.

Bei zwei Millionen Arten wären das 200.000 für immer verlorene Arten, bisher.

Global gefährdet sind derzeit wohl mindestens ein Viertel aller bekannten Tierarten, also grob 400.000 Tierarten, vom riesigen Blauwal bis zur winzigen Windelschnecke. Aber was ist, wenn es zehn Millionen Tierarten gibt, wären dann 2,5 Millionen Arten gefährdet? Und wären dann schon eine Million Arten in letzter Zeit ausradiert worden? Ist es nicht sogar wahrscheinlich, dass unbekannte Arten eher anfällig sind, weil sie selten sind, auf bestimmte Habitate oder Nahrung spezialisiert, mit kleinräumiger Verbreitung? Wie viele Arten sterben nun pro Jahr aus? Wüsste ich auch gern!

Ist das schon das sechste Massenaussterben, oder kommt es noch dicker?

Anhand von Wirbeltierfossilien können wir grob abschätzen, dass die natürliche Aussterberate bei etwa einer Art pro Million Arten und Jahr liegt. Man könnte auch sagen, eine Art hält im Schnitt eine Million Jahre. Momentan hat sich die Aussterberate bereits menschengemacht vertausendfacht, das Artenverfallsdatum ist also auf 1000 Jahre gesunken. Oder schon auf 100 Jahre? Bald wird es so weit sein, da sind sich die Experten einig. Gehen wir einmal konservativ von nur sechs Millionen Tierarten auf der Erde aus, dann würden bei 1000-facher Aussterberate etwa 6000 Arten pro Jahr für immer verschwinden. Viele gehen jetzt schon von 20.000 bis 50.000 ausradierten Arten pro Jahr aus. Beim Faktor 10.000 wären es bereits 60.000 Tierarten pro Jahr. Futsch, für immer! Die meisten von ihnen der Menschheit unbekannt.

Millionen Tierarten unbekannt? Grobe Schätzungen bei einem solch ernstem Thema? Wieso erforscht man nicht endlich, was es alles für Arten gibt, um dann verlässlich zu wissen, was wann wo und wie verschwindet? Oder um das Verschwinden rechtzeitig eindämmen, Verluste bestmöglich minimieren zu können?

Tja, das verstehe ich auch nicht! Eine globale Bioinventur wäre machbar und würde nur etwa 20 Milliarden kosten, verteilt über 50 Jahre. Ein Klacks! Ein paar Programme werden nun aufgelegt und ein paar Millionen investiert für eine globale Mammutaufgabe, für die zusätzlich Tausende von Profiforschern nötig wären. Aber bisher fehlt der politische Wille zu angemessener Artenforschung. Ich hoffe, das ändert sich über private Initiativen wie www.change.org/artensterben.

## ——— FORSCHUNG ERMÖGLICHT SCHUTZ! ———

*400 Millionen Euro im Jahr zusätzlich für Artenforschung, global? Wirklich viel ist das ja nicht. Aber kann man die Artenvielfalt nicht auch ohne Forschung schützen?*

*Ja, aber was würden Sie zuallererst schützen, einen Wald mit 1000 Arten oder einen mit 10.000 oder einer Million? Einen mit seltenen Arten oder mit Allerweltsarten? Einen mit Arten, von denen Sie wissen, dass sie enorm wichtig sind, etwa bei der Bodenbildung oder der Grundwasserreinigung oder gar in der Krebsforschung? Würden Sie Arten und Biotope eher schützen, wenn Ihnen jemand zeigen könnte, was es dort alles Interessantes gibt? Wenn es zu den Arten schöne Bilder, skurrile Artnamen und spannende Geschichten gibt? Und wie würden Sie messen, ob der Schutz funktioniert, wenn Sie von 10.000 Arten nur ein paar erkennen, den Rest aber nicht?*

*Wir brauchen sofortigen Schutz und sofortige Erforschung für riesige Lebensräume und akzeptable Umweltbedingungen. Wir brauchen organismische Forscher, taxonomische Experten, die die Arten beschreiben, in das Evolutionssystem einordnen und sie erkennbar machen für Kontrollen der Bestände. Und wir brauchen Ökologen, die die Wechselwirkungen der Organismen mit ihrer Umwelt studieren.*

## 20.000 bis 60.000 ausgestorbene Tierarten – pro Jahr?

Ja, so sieht es aus. Etwa alle 25 Minuten, vielleicht schon alle acht, verschwindet eine Art für immer. Eine ähnliche Abschätzung ergibt sich, wenn wir von weltweiten Lebensraumverlusten von ein bis zwei Prozent pro Jahr ausgehen. Bei nur einem Prozent Verlust der jeweiligen Bewohner der Lebensräume wären das bei sechs Millionen Tierarten Verluste von 60.000 Arten im Jahr.

Oder auch schon viel mehr: Nehmen wir zehn Millionen Tierarten an, wovon viele Kolleginnen und Kollegen ausgehen, wären es 100.000 ausgestorbene Arten, bei zwei Prozent Verlustrate bereits 200.000 ausgestorbene Arten, jedes Jahr wieder. Dazu kommen Pflanzen und die unglaubliche Fülle der fast gänzlich unbekannten Mikroben. Deren Vielfalt und mögliches Verschwinden können wir nur erahnen.

Was da wohl für tolle, nützliche, faszinierende Kreaturen dabei gewesen wären? Wir werden es niemals wissen. Das ist traurig. Um jede einzelne, sinnlos ausgestorbene Art ist es schade!

Ja, wie? So viele Arten, weg, für immer? Ist das realistisch? Und wo waren die denn, als sie noch lebten? Letzteres ist einfach zu beantworten: Die allermeisten ausgestorbenen Arten befanden sich im unerforschten und dann zerstörten tropischen

Regenwald. Nehmen wir den extrem artenreichen Atlantischen Regenwald in Brasilien als Beispiel: Etwa 95 Prozent dieser küstennahen Wälder wurden seit Ankunft der Europäer zerstört. Man schätzt, dass allein hier Hunderttausende, wenn nicht Millionen von Arten verloren gingen.

Schade, aber wen kümmert's? Mit dem Niedergang des Waldes an der Küste änderte sich nicht nur der Wasserhaushalt dort, sondern es wurde deutlich trockener im Hinterland. Es herrschen nun immer wieder Dürren und Not. Was lernen wir aus solchen Experimenten? Dass sich einige wenige Zuckerrohrbarone bereicherten, während viele Menschen nun ab und an Not leiden? Dass sich die Bevölkerung in Nordostbrasilien trotzdem vervielfachte, riesige Millionenstädte an den Stränden wie Pilze aus dem Boden schossen, dass Technik und Fortschritt es schon irgendwie richten? Dass es offenbar zumindest global relativ egal ist, wenn furchtbar viele Arten einfach so verschwinden?

# KONSEQUENZEN DES ARTENSTERBENS? PRÄDIKAT: GRAUENHAFT!

Der Verlust eines bedeutenden und sehr artenreichen Waldsystems und einem fruchtbaren Klima im nordostbrasilianischen Hinterland ist tragisch, aber die Erde drehte sich weiter. Wie es wohl weitergeht, wenn nun die größten, produktivsten und artenreichsten Lebensräume der Erde, riesige Regenwälder am Amazonas und Kongo, ganze Ozeane und insbesondere Korallenriffe zu den allerbedrohtesten Ökosystemen gehörten? Ganz einfach: Die Titanic wird untergehen!

Regenwaldbäume sind im Regenwald bestandsbildend. Fallen sie aus, stirbt das Ökosystem mit so gut wie sämtlichen Bewohnern, allein am Amazonas und Kongo würden wohl Millionen von Arten in kurzer Zeit aussterben. Das Armageddon in der langen Geschichte des irdischen Lebens!

Es ändert sich dann aber auch das Klima in weiten Teilen Südamerikas und Afrikas. Erosion wird den ungeschützten Boden samt seiner Nährstoffe wegspülen, ins Meer, wo sie Algenblüten, Verschlammung und Massensterben anrichten. Schon an Land werden enorme Mengen an $CO_2$ frei – über Brände und Fäulnis, auch über den Abbau von organischer Substanz im Boden – und befeuern den globalen Klimawandel enorm. Riesige Regionen könnten nicht für Landwirtschaft

nutzbar gemacht werden, denn auch jetzt schon intensiv zum
Anbau von Soja, Zuckerrohr oder Ölpalmen genutzte Flächen
könnten schlichtweg vertrocknen. Ungeheure Schäden, unge-
heures menschliches Leid wären die Folgen. Wann? Zwischen
2030 und 2050, wenn wir uns nicht dramatisch ändern und Tropenwälder wirksam schützen.

Etwa zur selben Zeit werden die Korallen samt den von
ihnen gebildeten Riffen und den meisten ihrer Bewohner nicht
nur tot sein und deshalb nicht mehr dem steigenden Meeresspiegel nachwachsen, die Riffe werden immer stärker erodieren. Durch kalkabbauende Tiere, wie Schwämme, Seeigel und
einige Muscheln und Fische, aber auch durch Säure im Wasser
und mit jeder Welle und jedem Sturm. Korallenriffe schützen
heute die meisten tropischen Küsten mit Milliarden von Einwohnern, ernähren Hunderte Millionen Menschen und garan-
tieren bedeutende Einnahmen etwa durch Tourismus. In 20 bis
30 Jahren tun sie all dies nicht mehr. Dies wird dramatische Folgen haben, Not, Leid und einen Exodus ungeheuren Ausmaßes,
bis hin zu Kriegen und globalen wirschaftlichen Verwerfungen.

Außer wir reduzieren den $CO_2$-Ausstoß dramatisch und entziehen der Atmosphäre möglichst bald möglichst viel $CO_2$, etwa
durch Wiederbewaldung riesiger Flächen. Das wäre auch doppelt fein für die Artenvielfalt: Mehr Lebensraum und geeignete
Umweltbedingungen. Die Einheimischen hätten Jobs in der
nachhaltigen Waldwirtschaft und im Ökotourismus. Die restliche Welt würde von mehr Stabilität, weniger Klimawandel und
langsamer steigenden Meeren profitieren ...

**Meiner Meinung nach hat der moderne Mensch
bereits Millionen Tierarten auf dem Gewissen, durch
Rodung von tropischem Regenwald. Jede dieser
Arten hatte eine Daseinsberechtigung, hatte sich in**

der Evolution durchgesetzt, konnte etwas ganz
Spezielles, war einzigartig. Weitere Millionen Arten
werden folgen, und irgendwann in nicht allzu ferner
Zukunft, wohl noch vor dem Jahr 2050, geht es dann
ganz schnell!

Werden erst Kipppunkte erreicht, werden riesige
Regenwälder vertrocknen, Böden degradieren,
Korallenriffe erodieren, auch die marinen
Nahrungsketten samt Meeresfischerei zerbrechen:
Milliarden Menschen werden hungern und alles
verlieren. Es drohen Völkerwanderungen und der
Zusammenbruch ökonomischer und politischer
Systeme. Die Apokalypse.

Das alles nur aufgrund getöteter Organismen,
zerstörter Lebensräume, dysfunktionaler
Ökosysteme? Ja, weil wir die Schlüsselkomponenten
der Böden, Weiden, Wälder und Meere gefährden:
Mikroben, Pflanzen und Tiere! Es sind biologische
Stoffkreisläufe, die uns ernähren, die auf Lebewesen
beruhen, und die nicht mehr funktionieren, wenn
diese Lebewesen sterben oder verdrängt werden.
Auch ohne Klimawandel hätten wir eine schwere
biologische Krise, gegen die wir unbedingt etwas
unternehmen müssen!

Zur biologischen Krise kommt natürlich auch noch der
Klimawandel samt Ozeanversauerung durch $CO_2$
erschwerend und beschleunigend dazu. Eine
gefährliche Rückkopplung entsteht. Es gibt sie längst,
und sie wird stetig stärker.

# WECHSELWIRKUNG MIT
# DEM KLIMAWANDEL

Küsten erodieren, bald verlieren ganze Völker ihre Heimat, nur durch den Tod von Korallen und Waldbäumen. Dabei wird auch massenhaft in Wäldern und Böden gespeichertes $CO_2$ frei, was den Klimawandel verstärkt und das Sterben von kalkbildenden Grünalgen und Flügelschnecken im Plankton, was wiederum direkt ein Artensterben im Nahrungsnetz auslöst und weniger $CO_2$ in die Tiefsee versinken lässt ... weswegen es noch schneller wärmer wird, Eisschilde abschmelzen, sich Winde und Meeresströmungen verändern, empfindliche Arten aussterben, es phasenweise trockener wird, Landpflanzen bei Dürre viel weniger $CO_2$ binden, riesige Wald- und Torfbrände überall auf der Welt enorme $CO_2$-Mengen ausstoßen, Permafrostböden auftauen, Methanhydrat im Meer auftaut und gewaltige Mengen Treibhausgase das Artensterben befeuern ... ein Teufelskreis! Den wir schleunigst an möglichst vielen Stellen durchbrechen müssen! Sofort viel weniger fossile Energien verfeuern ist das eine. Sofort und umfassend die Vegetation, die Böden, das Plankton, die Artenvielfalt schützen das andere!

Und rein meeresspiegeltechnisch? Das ist ja das, was viele Leute umtreibt, weil sie begreifen, dass ein steigendes Meer Probleme verursacht. Flugs werden Zweifel gestreut und Halbwahrheiten serviert, was einfach ist bei einem komplexen Thema.

Steigt das Meer denn wirklich? Ja und nein, kommt darauf an,
wo man misst! Wenn Trump in San Francisco seine Luxusjacht
besteigt, wird ihm der Hafenmeister erklären, dass das Meer gar
nicht steigt. In Miami steigt das Meer schon, und im tropischen
Indopazifik sogar sehr stark, bis zu einem Zentimeter pro Jahr.
Das liegt hauptsächlich an sich ändernden Luft- und Meeresströmungen. Global gesehen steigt der Meeresspiegel um rund
drei Millimeter pro Jahr, Tendenz steigend. Leider schneller, als
selbst die gesündesten Korallenriffe wachsen würden, wenn es
sie noch gäbe.

Bestimmt haben Sie auch gehört, dass es global gesehen ja
nicht so schlimm ist, wenn die Nordpolkappe schmilzt, denn
das Zeug schwimmt ja? Stimmt, und stimmt nicht: Etwa die
Hälfte des Meeresspiegelanstieges ist dem Schmelzwasser von
Gletschern an Land geschuldet. Die Gletscher werden auch
immer kräftiger weiterschmelzen, und Kiribati und Bangladesch werden auch bei einem »2 °C plus Ziel« untergehen. Die
andere Hälfte aber kommt von der Ausdehnung des Wassers bei
höherer Temperatur, und die steigt nun auch in den Meeren.

Dazu sollte man wissen, dass bisher nur rund zehn Prozent
der Sonnenenergie des Treibhauseffektes in der Luft und an Land
gespeichert wurde, 90 Prozent aber im Meer. Wasser hat eine
viel höhere Wärmespeicherkapazität als die Landoberfläche und
Luft, und die Energie verteilt sich über die oberen Wasserschich-
ten. Deshalb hat sich die globale Durchschnittstemperatur an
Land seit der vorindustriellen Zeit schon um über 1 °C erwärmt,
die Oberfläche des Ozeans aber nicht einmal um 0,5 °C, durchschnittlich wohlgemerkt. Der Ozean reagiert langsam, saugt sich
mit Energie voll wie eine riesige Batterie, in immer größere Tie-
fen – und dehnt sich dabei aus, langsam aber sicher!

Der Treibhauseffekt ist also schon viel gewaltiger, als es
das bisschen Temperatur- und Meeresspiegelerhöhung vor-

täuscht, und wird auch noch nach dem Jahr 2100 weiterwirken, wenn es uns nicht gelingt, die Treibhausgase wieder auf rund 350 ppm $CO_2$ abzusenken; das ist deutlich unter dem heutigen Niveau. Der $CO_2$-Spiegel steigt derzeit ungebremst weiter, doch müsste er schon vor dem Jahr 2050 wieder auf das heutige Niveau abgesenkt werden, sollen wenigstens ein paar Riffe (und tropische Küsten) überleben … Sofort runter mit dem $CO_2$, oder die Folgen unseres Tuns werden lang anhaltend und grausam sein!

Viel früher schon, eigentlich schon jetzt, wirkt sich der Klimawandel auf die Artenvielfalt aus. Alles stirbt aus? So einfach ist es im Detail wohl nicht, und es könnte Überraschungen geben. In Mitteleuropa könnte die Artenzahl zunächst sogar steigen, im riesigen, winterkalten und artenarmen Sibirien sowieso. Zu den »Ureinwohnern« gesellen sich Ankömmlinge aus dem Süden, erst nur über den Sommer, dann, wenn die Winter nicht mehr gar so frostig werden, auf Dauer.

Zugvögel wandern nicht mehr, Platanen gedeihen in den sowieso wärmeren mitteleuropäischen Städten, aus Zoos ausgebüchste Papageien turnen im Geäst. Dazu kommen hübsche mediterrane Schmetterlinge, giftige Spinnen, auch Schlangen. Auch vielerlei Lästlinge, Schädlinge und Krankheitsüberträger mögen es warm: Anopheles, die Malariamücke zum Beispiel. Oder asiatische Tigermücken, die verschiedene unschöne Viruskrankheiten übertragen, etwa das Dengue-Fieber. Irgendwann ist es dann so warm und phasenweise trocken, dass heimische und boreale Wälder kollabieren; alles, was keine Zuflucht im hohen Norden oder im Gebirge findet, stirbt. Die vielen Tausend kälteliebende Arten im Gebirge sowieso. Noch später dann, wenn es keine Menschen mehr gibt, werden sich wohl mediterrane Floren und Faunen in Mitteleuropa ausbreiten, vielleicht nur für ein paar Jahrhunderte, bis der warme Golfstrom im

Atlantik seinen Geist aufgibt und es in nördlichen Breiten wieder zapfig kalt wird im Winter …

Global gesehen könnte nach uns eine neue Blütezeit der Insekten bevorstehen, denn die mögen es warm und könnten im Laufe der Jahrmillionen die derzeitigen Verluste aus dem Schwund der heutigen Tropenwälder wieder ausgleichen.

Im Meer schaut die Zukunft wohl so aus: Aufgrund der Wärme kollabieren die Riffe und damit die artenreichsten Lebensräume mit ihren Bewohnern. Neue Riffe in heute noch zu kühlen Zonen würden sich bei Erwärmung schon bilden, nur könnten die Meere dann schon zu sauer für ordentliches Riffwachstum sein. Die jetzigen Bewohner temperierter Meere, wenn sie nicht durch zerfallende Kalkschalen gehandicapt oder durch $CO_2$-Narkose »verblödet« sind, dürften teils woanders, tiefer oder in höheren Breiten ein neues Zuhause finden. Kaltwasserfaunen der Pole und der Tiefsee werden weitgehend erlöschen. Die Artenuhr tickt nicht mehr, sie rast – die Vielfalt des Lebens zerrinnt.

Ich schätze mal auf deutlich über 50 Prozent Artenschwund bis zum Jahr 2100, an Land und im Wasser. Wir vernichten wohl noch in diesem Jahrhundert mehr Leben, als vor 65 Millionen Jahren der Meteorit samt Tsunami, Feuersturm und Klimakrise ähnlich dem nuklearen Winter schaffte.

# URSACHEN
# DES STERBENS

Arten brauchen zum Überleben erreichbaren und geeigneten Lebensraum in ausreichender Größe und geeignete Umweltbedingungen über lange Zeit. Dies schließt geeignete Nahrung und gute Lebensbedingungen für diese samt ihrer Nahrung ein. Wird ein Feuchtgebiet entwässert, wird ein Biotop durch eine Schnellstraße zerschnitten oder wird eine ehemals magere Wiese gedüngt, intensiv gemäht oder zu Ackerland umgebrochen, sterben die allermeisten Bewohner – über kurz oder lang. Insbesondere die Spezialisten, die sowieso schon selten sind. Die Hauptverursacher des Artenschwundes sind also Verlust, Fragmentierung und Degradierung von Lebensräumen, oft durch einfache Änderung in der Landnutzung.

Dazu kommen direkte Giftanwendungen, also alle Arten von Pflanzenschutzmitteln, von Herbiziden wie Glyphosat über Anti-Pilzmittel bis zu den Insektenvernichtungsmitteln mit den berüchtigten Neonicotinoiden an der Spitze. Klar, knapp 35.000 Tonnen Spritzmittel (Wirkstoffe ohne inerte Gase, Hilfsstoffe und Verdünner) pro Jahr allein in Deutschland machen Pflanz und Tier den Garaus. Dazu kommen indirekte Gifteinwirkungen: Über 90 Prozent der langlebigen Neonicotinoide landen in Böden, Gewässern und der Luft – und werden mit Wind und Wasser auch in weit entfernte Gebiete verbreitet. Selbst

wenn die für Menschen geltenden Grenzwerte dieser Stoffe in
Deutschland selten überschritten werden, sind solche Dosen
für Insekten immer noch viel zu viel. Neonicotinoide wirken
zigtausendfach stärker als das berüchtigte DDT, schädigen das
Immunsystem der Insekten und insbesondere das Nervensys-
tem; Bienen verlieren die Orientierung, entwickeln Verhaltens-
störungen, werden lernunfähig; auch hier könnte man sagen, sie
»verblöden«.

Ebenfalls schlimm wirkt sich Stickstoffeintrag aus der Luft
auf magere Standorte aus. Mit bis zu 40 Kilogramm Stickstoff
pro Hektar und Jahr wird Mitteleuropa vollautomatisch überdüngt. Die Artenvielfalt der an karge Bedingungen gewöhn-
ten Pflanzen und Tiere erlischt – wenn man nicht durch sanfte
Bewirtschaftung oder extensive Beweidung die Nährstoffe wieder aus dem Naturkreislauf entfernt.

Ein Bett im Kornfeld? Nein danke!

## Wer ist schuld?

Sind es die Stadtmenschen? Straßen, Einkaufszentren und
asphaltierte Parkplätze sind für die Artenvielfalt weitgehend
verloren. Schon etwa 15 Prozent der Fläche Deutschlands sind
zugebaut, man nennt das versiegelt. Täglich werden es 30 Hektar
mehr. Das ist aufwendig und verbraucht Ressourcen, von Bau-
materialien über Kraftstoffe bis hin zum Energie- und Abwasser-
anschluss. Und es sorgt für Umweltbelastung und ungesunden
Feinstaub. Und schafft ein ungutes Klima, da sich, wie jeder
weiß, Straßen, Parkplätze und andere versiegelte Flächen in
der Sommersonne stark erhitzen. Viel stärker als der schattige
Park nebenan. Seit Jahren versucht die Regierung die Versiege-
lungsrate zu halbieren, ohne Erfolg. Wohnungsbau, Verkehrs-

wege und konkrete wirtschaftliche Interessen gehen nun mal vor Artenreichtum, guter Luft und angenehmem Stadtklima. Abhilfe könnten Begrünungen von Straßen und Gebäuden schaffen, doch das wird nirgends konsequent gemacht. Stattdessen werden die beliebten Städte nachverdichtet. Häuschen mit bunten Gärten machen Platz für Hochhäuser mit noch mehr Menschen und noch mehr Autos. Grünflächen sind ordentlich kurz geschorene Golfrasen mit ein paar Alibi-Büschen, die biologisch nicht viel zu bieten haben. Bleiben ein paar kleine Gärten übrig, sorgen die gestressten Stadtmenschen heute allzu oft für Pflegeleichtigkeit, mit Einheits-Sportrasen oder ausgedehnten Pflasterflächen, und falls sich doch mal wilde Moose auf die Wege wagen oder sich Schädlinge an den Blümchen vergreifen, hilft auch mal die Giftspritze aus dem Gartencenter.

Ist es unser Lebensstil? Wir wollen nicht im Stau stehen, wollen Mobilität, wollen immer mehr PS unter der Motorhaube, wollen immer mehr konsumieren und damit immer mehr Waren auf immer mehr Straßen mit immer mehr Verkehr. Wir verpesten Luft, Böden und Wasser in privaten Haushalten, wir pendeln in die Arbeit, all das trägt zum Artensterben bei. Abgase aus Schwerverkehr und Industrie, Rohstoffgewinnung, Energieerzeugung, Müllentsorgung und auch das Freizeitverhalten mit Störung der Tierwelt bei uns zu Hause, Jagd, Wilderei und Tourismus mit teilweise dramatischen Folgen für die Tierwelt bis in die hintersten Winkel der Welt. Der weltweite Artenkiller Nummer eins ist jedoch noch nicht dabei. Gern werden auch Muschelsammler oder gar Wissenschaftler wie ich für das Ausrotten von Arten verantwortlich gemacht: Ich kann Sie beruhigen, das ist Gott sei Dank bisher mit keiner einzigen Art geschehen.

Ist es also der Klimawandel? Noch nicht, aber vielleicht bald. Die Zunahme der Weltbevölkerung? Die Forstwirtschaft oder die Fischerei, bei all den oben angesprochenen schädlichen Einflüssen auf die Lebewesen? Nein, in Deutschland und auch global ist die industrielle Landwirtschaft für die Gefährdung und das Sterben der meisten Arten verantwortlich! Zumindest vordergründig.

## Artenkiller Nummer eins: konventionelle Landwirtschaft

Die Bauern also? In Deutschland sind die Flächen mit Äckern und Weiden größer als die Waldflächen und deutlich größer als der Siedlungsraum. Wiesen und Äcker waren früher sehr artenreich, heute werden sie intensiv genutzt, gedüngt und gespritzt. Klar, dass das artenmäßig reinhaut. 93 Prozent der deutschen Landwirtschaft wird konventionell, also rücksichtslos gegenüber Blümchen und Bienchen und, mit Verlaub, Bäuerchen betrieben. Ja, denn auch Kleinbauern leiden, halten dem Kostendruck und Wettbewerb durch große industrielle Betriebe nicht stand, müssen ihre Höfe abgeben. Der Trend zu immer größeren Flächen, zu immer mehr Großgeräten und kostenintensiverer Produktion ist ungebrochen. Nur Massenproduktion ist konkurrenzfähig. Riesige Mengen von Weizen, Raps und Mais werden nicht mehr direkt zur menschlichen Ernährung, ja nicht mal mehr überwiegend als Tiernahrung, sondern als Energiepflanzen angebaut. Der über Jahrtausende angesammelte Humus, die Bodenfauna samt Mikroben, die Struktur, Fruchtbarkeit und Erosionsbeständigkeit der Böden, ihr Rückhaltevermögen für Dünger und Niederschläge, das alles wird den Marktzwängen und Rationalisierungsmaximen geopfert. In Gebieten mit Massentierhaltung dienen Äcker und Grasland auch offenbar vornehmlich zur mehr oder weniger legalen Verklappung von Gülle.

Leben können die Bauern von ihren Anstrengungen und ihrer Ernte trotzdem nicht: Was meinen Sie, für wie viel Euro verkauft der Bauer eine Tonne konventionellen Mais? Ohne Dürrekrise für ungefähr 140 Euro. Auf einem Hektar reifen etwa zehn Tonnen, macht 1400 Euro. Auf beachtlichen 50 Hektar also nur 70.000 Euro Einnahmen, vor Abzug aller Unkosten? Höfe können so nicht funktionieren, sondern nur über Subventionen. Fünf der 6,5 Milliarden Euro EU-Hilfen für die deutsche Landwirtschaft flossen für schiere Fläche, landwirtschaftlich genutzte Fläche, nicht für Wildwuchs! Deshalb verschwinden auch noch die letzten Hecken und Brachstreifen aus der Landschaft.

Kleinere Extra-Subventionen gibt es auch für die Umsetzung von Naturschutzprogrammen: Wer Randstreifen stehen lässt oder Brachen zulässt, bekommt Geld vom Staat. Der Natur bringen solche Maßnahmen wenig, denn nebenan wird gespritzt, was das Zeug hält, und mit einem Jahr Brache auf ein paar schon sehr verarmten Allerweltsflächen ist seltenen Arten nicht geholfen. Deutlich wirksamer, ja unverzichtbar sind dagegen vertragliche Pflegemaßnahmen für naturnahe, artenreiche und wertvolle Flächen, also etwa Feuchtflächen, die spät und nur ein- oder zweimal im Jahr gemäht werden dürfen, oder magere Wiesen, die nur durch bezuschusste Schafbeweidung mager und artenreich bleiben.

# Sargnagel der Artenvielfalt: die gemeinsame Agrarpolitik der EU

Angestrebt ist maximale Effizienz bei der Produktion und Exportorientierung. Schon fast 30 Prozent der deutschen Tierproduktion geht ins Ausland. Zugespitzt formuliert gehen hochwertige Milchprodukte, Fleisch und Wurst auf die Märkte in Eurasien und Arabien. Minderwertige Schlachtabfälle und Milchpulver zerstören derweil die einheimischen Produktionen und Märkte in Afrika. Begünstigt wird industrieller Pflanzenanbau auf riesigen Flächen, bei uns und über Importe von Millionen Tonnen Soja, Palmöl, Zucker und regenerativen Treibstoffen von den abgebrannten Waldflächen in den Tropen und Subtropen. Man nennt das auch »Landimporte«, es sind wohl über fünf Millionen Hektar. Durch Kostenvorteile belohnt wird die Massentierhaltung auf Basis von Kraftfutter aus Raubbau, nicht der kleinbäuerliche Betrieb im Einklang mit Natur und Tierwohl. Tausende der nur noch etwa 260.000 Höfe in Deutschland machen dicht, jedes Jahr. Die Flächen werden geschluckt und meist intensiviert. Es ist völlig klar, dass sich dieses für Gesellschaft und Natur desaströse System fundamental ändern muss. Nur ändert sich bisher praktisch nichts.

Biologische Landwirtschaft wäre ein Segen für den Erhalt von Böden, Pflanzen und Tieren. Einfach weil weder synthetisch gespritzt noch mineralisch gedüngt werden darf. Besonders um artenreiche, schützenswerte Bereiche herum wäre Bio eigentlich ein Muss, da keine Gifte über die Luft oder das Wasser eingetragen würden. Doch macht Bio in Deutschland nur gut sieben Prozent (!) der Fläche aus. Tendenz deutlich steigend, aber eben von einem sehr niedrigen Niveau aus. Ganz klar: Viel mehr Bio wäre wünschenswert für alle! Und doch bekommen die Biobauern derzeit ihre gute Biomilch nicht los, es gibt zu wenig Kunden, viele Betriebe machen dicht. Warum? Die Leute kaufen lieber konventionelle Billigmilch als etwa doppelt so teure Biomilch. Klar, Qualität hat seinen Preis. Ein normaler Milchbauer bekommt 32 Cent pro Liter, ein Biobauer 50 Cent. 18 Cent Unterschied also nur! Den wäre wohl fast jeder bereit zu zahlen. Wo die Preisspanne im Laden dann herkommt? Das Geld geht an Molkereien und Händler ... Bio dient dem Gemeinwohl wie kaum etwas anderes und gehört deshalb massiv gefördert.

Bis die Politik das endlich tut, liegt es wohl an uns willigen Konsumenten, den Bioanteil zu verdoppeln, am besten ganz schnell zu verzehnfachen!

Global wird noch etwa 70 Prozent der landwirtschaftlich nutzbaren Fläche in kleinbäuerlichen Verhältnissen bewirtschaftet. Also extensiv beweidet, weil die kargen Böden keine intensive Nutzung zulassen – oder es werden auf kleineren Feldern Produkte angebaut, oft zum eigenen Verzehr. Solche Subsistenzwirtschaft gibt Milliarden Menschen Arbeit und Auskommen, wenn auch oft sehr bescheiden. Spritzmittel oder mineralische Dünger werden schon aus Kostengründen kaum eingesetzt, Techniken zur natürlichen Bodendüngung etwa durch Kot von Weidevieh oder Brachen und Anbau von Leguminosen dagegen schon. Kunstfertige Bioreisanbauer erreichen höhere Erträge als industrielle Betriebe. Brachflächen, Randstreifen, Gebüsche werden oft toleriert. Vielerlei Wildpflanzen und Wildtiere kommen mit dieser Art von Landwirtschaft sehr gut zurecht. Die landwirtschaftlichen Industrien, Saatgut- und Spritzmittelhersteller und damit die Industrienationen aber nicht, denn an ihr verdienen sie nichts!

Überall auf der Erde, wo halbwegs gute Böden und ausreichend Wasser vorhanden sind, wird den Kleinbauern das Land abgekauft, abgerungen oder auch gewalttätig gestohlen. Nicht weniger brachial fällt der Landraub auf Kosten der Natur aus: Bis zu zehn Millionen Hektar Tropenwald werden jährlich für Landwirtschaft gerodet, für industrielle Landwirtschaft wohlgemerkt! Allein dabei verlieren wir wohl Zehntausende Arten, jedes Jahr.

Wohin die Landwirtschaftsindustrie führt? Das kann man im Mittleren Westen der USA, in Argentinien und Brasilien bewundern. Dort wird auf gigantischen Flächen nicht mehr für den Teller produziert, sondern für Tiermägen und »Biosprit«.

Weizen, Mais, Soja, in den feuchten Tropen auch Zuckerrohr und Ölpalmen, maximal effizient, maximal gespritzt. Mais und Soja meist als gentechnisch veränderte Organismen, unempfindlich gegen die jeweiligen Spritzmittel. Da wächst kein Gras mehr, kein Schmetterling, kein Vogel überlebt. Immer öfter bilden sich Resistenzen, die Erträge gehen zurück. Kleinere Farmer leiden unter hohen Kosten und Abhängigkeiten von Saatgutherstellern, Düngerfabrikanten und Spritzmittelvertreibern. Zurück bleiben ausgelaugte, vergiftete Flächen, vergiftete Gewässer, vergiftete Arbeiter, verarmte Bauern, aber reiche Großgrundbesitzer und Konzerne. Und reiche Großinvestoren, die von den lebensverachtenden Machenschaften oft gar nichts wissen wollen. Diese Art von Landwirtschaft tötet. Das hat auch Papst Franziskus in seiner Enzyklika »Laudato si'« sehr deutlich und sehr richtig gesagt.

## WIR ALLE sind schuld!

Richtig, nicht die Landwirtschaft allein ist schuld. Es ist das System. Aber was genau ist »das System«? Schieben wir die Verantwortung von den Landwirten zur Industrie, zur Politik, zur Gesellschaft? Direkt oder indirekt sind wir Menschen mit unserer maßlosen, kurzfristig unsinnigen und mittelfristig tödlichen Lebensweise schuld. Die Ursache für das Artensterben sind Sie und ich!

Und, kaufen Sie nun Biolebensmittel? Essen Sie weniger Fleisch, und wenn, dann Bio? Tanken Sie jetzt mineralisches Superbenzin statt E10? Verzichten Sie auf Diesel mit eingebautem »Biospritanteil«, sparen Sie nun Treibstoffe, wo Sie nur können?

Zu teuer? Die Lösung wäre einfach: Regionale Produktion von Nahrungsmitteln möglichst in Bioqualität fördern mit dem

Geld, das andere für Raubbau an Natur, Tierwohl und Gemein-
wohl bezahlen müssten. Ja, ein Bonus-Malus-System in der
Landwirtschaft, so ähnlich wie es Schweden bald im Bereich
Verkehr einführen wird.

Für die anderen Big five der Artenkiller – Forstwirtschaft
und Fischerei, Energie, Verkehr und Industrie – gehören Bonus-
Malus-Systeme ebenfalls rasch eingeführt.

- **Umweltschädliche Subventionen gehören
  abgeschafft, umweltfreundliche Investitionen
  gefördert.**

- **Nachhaltigkeit in allen Bereichen gehört gefördert,
  Raubbau bestraft.**

- **Sanfter Ökotourismus gehört gefördert,
  Eisbärenschießen … gehört verboten!**

  **Ist das so schwierig zu verstehen?**

# HIGHWAY TO HELL: ZEITPLAN DES UNTERGANGS

An obigen Ausführungen ist wenig Neues. Die Zusammenhänge sind offensichtlich. Warum also tun mehr als eine Milliarde Katholiken nicht endlich mal das, was ihr Chef sagt? Nein, nicht wieder die Klassiker mit dem Vermehren und sich die Erde untertan machen, sondern geistig und moralisch wachsen und gedeihen! Warum tun weitere Milliarden Menschen, die denken, lesen und schreiben können, Internet und damit Zugang zu Informationen haben, die teils eine hervorragende Ausbildung genossen haben und die Wirkungsketten verstehen, nicht endlich das Richtige?

Warum geht es im reichen Europa, vom Stammtisch bis in seriöse Medien, so gut wie nur noch um Flüchtlinge, neue nationale Egoismen und Funklöcher, anstatt die Erde für alle halbwegs angenehm bewohnbar zu halten? Fehlen die Fakten, die Zeichen, die Notwendigkeiten? Nein. Fehlen Möglichkeiten oder Geld? Nichts von alledem. Naturerhalt ist Menschenerhalt, doch das hat keine Priorität.

Vielleicht glauben wir alle einfach nur, wir hätten noch viel Zeit?

Hier eine kleine Zusammenstellung fataler Kalamitäten. Jedes einzelne dieser Probleme hat das Potenzial, die Menschheit zu vernichten. Na ja, jedes einzelne Problem für sich vielleicht nicht, aber das eine bedingt auch das andere. Und vielleicht gehen auch nicht gleich alle Menschen drauf, ein paar werden schon irgendwie und irgendwo überleben. Aber sterben werden wohl alle, die Sie und ich kennen.

Wann genau? Das weiß ich nicht. Das hängt auch von möglichen Gegenmaßnahmen ab. Hier tue ich mal so, als ob alles so weitergeht wie bisher – denn dagegen spricht derzeit nichts! Ich extrapoliere einige Schätzungen in die Zukunft:

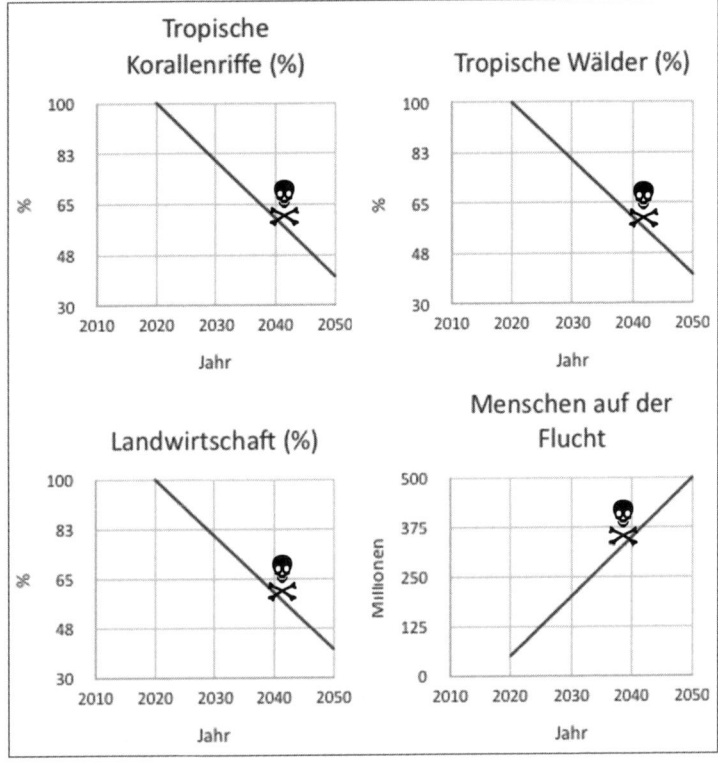

**Abbildung 2:** Final Countdown: Schematisierte und stark vereinfachte Prognosen zum Untergang der Zivilisation unter einem »Weiter so«-Szenario – und wohl auch unter einem angestrebten »2 °C plus Ziel« im Jahr 2100.

Korallenriffe und tropische Wälder verlieren grob geschätzt jährlich zwei Prozent des heutigen Bestands – Flächen- und Qualitätsverluste dieser artenreichsten Lebensräume an Land und im Meer dürften auch grob der Abnahme an Artenvielfalt entsprechen: Minus ein bis zwei Prozent pro Jahr. Globale Landwirtschaft, Abnahme um zwei Prozent pro Jahr (Flächenverlust an Wüsten, Erosion, Resistenzen etc. – bei steigenden Kosten! Ähnliches gilt für die Meeresfischerei und die Wasserversorgung).

Not, Elend, Kriege, Migration: 2017 waren global fast 70 Millionen Menschen auf der Flucht, die Zahlen steigen ständig und stärker als je zuvor. Die Fluchtursachen bedingen und verstärken sich oft gegenseitig, und Klimawandel wie Biokrise spielen eine immer größere Rolle. Beobachter der UN-Flüchtlingshilfe gehen von 250 Millionen bis eine Milliarde zusätzlichen Flüchtlingen innerhalb der nächsten 50 Jahre aus. Die vereinfachte Illustration nebenan zeigt beispielhaft einen Anstieg der »Bio«-, »Umwelt«- und »Klima«-Flüchtlinge von 50 Millionen im Jahr 2020 auf 500 Millionen im Jahr 2050. Totenköpfe in Abbildung 2 bedeuten mögliche Kipppunkte, an denen das jeweilige ökologische, soziale und gesellschaftliche System kollabiert – und kurz danach die anderen auch.

Sie sehen, spätestens um 2050 herum ist für die Menschheit Schluss. Finito. Zapfenstreich. Schicht im Schacht. Aus, Ende, Amen. Adios Zivilisation!

Vielleicht auch schon 2030, oder früher, wenn es blöd läuft. Sicher ist Schluss mit lustig, sobald Kipppunkte erreicht werden und Kettenreaktionen einsetzen. Also wohl zwischen 2030 und 2050.

Machen Sie es gut! Vielleicht sieht man sich mal im Jenseits. Da können Sie mir dann erläutern, welche meiner düsteren Prognosen nicht auf das Jahr genau stimmten.

## ———— ALARM: DIE POMMES-KRISE! ————

*Dürren in Mitteleuropa? Ausnahmezustand ausrufen, für Land-*
*wirte, die ihre Ernte verlieren? Aussichtsreiche Milliardenforde-*
*rung des Bauernverbands wegen kleinerer Kartoffeln? Dafür wä-*
*re man vor wenigen Monaten noch ausgelacht worden. Es wird*
*feuchter bei uns, hieß es. Ja, auf das Jahr gerechnet wohl schon.*
*Aber im Frühjahr und Sommer kann es zu immer extremerer*
*Trockenheit kommen – und danach zu Überschwemmungen mit*
*Schlammlawinen und Bodenerosion, auch weil immer weniger*
*Humus in den biologisch verödeten Ackerböden immer weniger*
*Wasser binden kann … ein Teufelskreis! Doch auch die natür-*
*liche Vegetation, die Lebensgemeinschaften, die Ökosysteme wie*
*Wälder leiden unter der Dürre und könnten kollabieren. Noch*
*mehr Pflanzen, Tiere, Arten könnten noch schneller verschwin-*
*den. Doch was dominierte die Pressemeldungen? Der für Herbst*
*erwartete Pommes-Notstand. Kürzer, dicker, weniger – ein Graus*
*für Fritten-Fans! Von der notwendigen, raschen, intelligenten,*
*nachhaltigen Transformation der Landwirtschaft, der Wirt-*
*schaft, der Gesellschaft? Redet nach dem ersten Regen wohl wie-*
*der keiner mehr.*

# TECHNIK ALS WEISSER RITTER?

Ich höre förmlich, wie es beim Lesen rattert: Aber, aber, aber … wenn, wenn, wenn … ach was! Menschen sind doch erfinderisch, »können Technik«, bekommen alles in den Griff! Da hätten meine Kinder und ich nichts dagegen. »Geoingeneering« heißt das Zauberwort in Sachen Klimawandel. Nur sehe ich die technischen Problemlöser nicht. Zumindest haben alle Maßnahmen erhebliche Nebenwirkungen. Operation erfolgreich, Patient tot?

Gegen die Erderwärmung gäbe es mehrere Möglichkeiten: Schwefelige Giftgase in die Stratosphäre leiten etwa, nach dem Erfolgsrezept des Vulkans Pinatubo benannt. Wirksam und günstig wäre das. Unten verpesten und oben verpesten, einfach genial. Die Meere würden durch $CO_2$ umkippen und die Küstenlandkarten könnten neu gezeichnet werden. Und was, wenn die immer noch lebenswichtige Ozonschicht den Giftqualm gar nicht gut findet? Dann war das ein Griff in die Kloschüssel, den wir erst bemerken, wenn es zu spät für das irdische Leben an Land ist.

Ach, also im Ozean könnte man überleben? Ja, vermutlich, in Höhlen und Stollen auch. Aber Sie nicht, ich nicht, und etliche Milliarden anderer Menschen samt Millionen von Tierarten auch nicht, die würden gnadenlos verhungern und verbrutzeln. Silbrige Sonnenschirme in großen Höhen mögen teurer und weniger wirksam sein, aber sie wirken berechenbarer in ihren Konsequenzen. Aber sind sie es wirklich? Silberjodid per Düsenjets in die Luft zu blasen für mehr hohe Wolken, warum nicht? Aber bringt es wirklich mehr, als jetzt sofort fossile Energien einzusparen?

Auch schön: Milliarden von weißen oder silbrigen, luftgefüllten Plastikbällchen in die Meere werfen, damit sie an der Oberfläche treibend das Sonnenlicht zurück in den Weltraum reflektieren. Ob sich die Meeresökologie über plötzlichen Lichtmangel freuen würde? Und als ob es nicht schon genug Plastikmüll im Meer gäbe! Aber wieso nicht Plastik generell leichter als Wasser und weiß reflektierend herstellen? Ein großer Teil davon landet ja sowieso im Meer, und täte dann Gutes ... Wenn es Probleme gäbe, könnte man es sogar wieder relativ einfach einsammeln, was mit heutigem Plastik nicht der Fall ist, denn das, was kaum jemand weiß, verteilt sich auch in der ganzen Wassersäule oder sinkt zu Boden.

Nein, ich meine das nicht allzu ernst, denn Plastik gehört sicher nicht ins Meer! Es zerfällt dort in immer kleinere Teilchen, absorbiert organische Schadstoffe, wird von Tieren gefressen, die entweder daran eingehen oder sie über die Nahrungskette anreichern, bis sie gefischt werden und uns unseren Dreck zurück auf den Teller liefern. Organische Schadstoffe stammen übrigens überwiegend aus der Landwirtschaft und Industrie, und die gehören auch nicht ins Meer!

Recht beliebt scheint auch die Idee, $CO_2$ aus den Kohlekraftwerken zu filtern (das ginge gut!), und es dann, weil man nicht weiß, wohin, in die Tiefsee zu versenken. Ähnliches tat man schon »erfolgreich« mit Millionen Tonnen Kriegsmunition, Giftgasen und Atommüll. Warum also nicht das vergleichsweise harmlose $CO_2$? Weil es gigantische Mengen wären, die die Tief-

see versauern und ihre eh schon trägen Bewohner »verdumm-
beuteln« ließe. Ein Ökozid samt Massenaussterben Tausender,
Zehntausender, vielleicht Millionen unbekannter Arten …

Andererseits, dort ist es tief und schön dunkel – und ohne
Forschung hübsch verschwiegen. Da wir nicht wissen, was dort
alles lebt, können wir ja gar nicht sicher sein, welchen Schaden
wir anrichten, alle Schätzungen wären mit potenziell gravierenden Fehlern behaftet, man könnte keineswegs konkrete Empfehlungen daraus ableiten … das altbekannte Bla, bla, bla. Und
pflügen wir nicht eh schon riesige Tiefseeflächen beim Sammeln
von Manganknollen um, und regt sich darüber irgendwer auf?
Niemand … »Denn wir wissen nicht, was wir tun.« Dagegen
hilft Forschen, helfen Daten. Das Grundproblem ist immer dasselbe: Statt sofort das einzig Vernünftige zu tun, nämlich $CO_2$
einzusparen, wo es geht, sucht man riskante und unerprobte
Notlösungen als Ausreden für das ungestörte Absahnen von
schmutzigen Profiten.

Aber wie sieht es mit wärmeresistenten Korallen und Phy-
toplanktern aus, $CO_2$-toleranten Meerestieren, dürreresistenten
Regenwaldbäumen, Pestizid-toleranten Böden und Wurzelpil-
zen? Gibt es alles schon. Doch selbst wenn sich solche Organismen im Rahmen einer sogenannten »assistierten Evolution«
verstärkt ausbringen und schnell genug großflächig ansiedeln
ließen, was nicht der Fall ist: Wir verlören dadurch rasch natürliche Vielfalt, riesige Ökosysteme samt ihrer Eigenschaften,
Funktionen und Leistungen. So trödeln und verschlimmbessern
wir immer weiter, sonnen uns wie Hans solange im vermeintli-
chen Glück, bis nichts mehr übrig bleibt. Nur hat Hans seine
Reise, seine Bequemlichkeit, seine Dummheit und die vielen
Abzocker im Märchen überlebt – und ihm bleibt immer noch
sein Zuhause und seine Familie. Uns aber dann nicht mehr. Wir
verspielen gerade alles!

Und noch ein Zauberwort gibt es: Gentechnik. Kann man nicht auch ausgestorbene Arten aus gefrorenem Erbmaterial wiedererwecken? Nur, wenn die DNA sehr gut und vollständig erhalten ist und lebende nahe Verwandte zur Verfügung stehen – fast sind die Genbaukästen schon fertig bestückt. Oder gleich neue Arten basteln, wenn und wie man sie braucht? Mit Bakterien klappt das Neudesign tatsächlich schon, und über kurz oder lang wird es wohl auch mit Tieren funktionieren. Das ist faszinierend und durch die ein oder andere maßgeschneiderte Bazille wird sich das ein oder andere Giftmüllproblem lösen lassen, etwa indem spezielle Enzyme Ölschlacken im Meer schneller abbauen. Hoffen wir, dass sich die Designerbazillen dann zu benehmen wissen.

Übrigens findet zwischen Bakterien ständig Genaustausch statt, Resistenzen wie spezielle Fähigkeiten wandern – von einer Mikrobe zur andern. Nichts, was man an Mikroorganismen konstruiert und aussetzt, bekommt man wieder eingefangen. Eine natürliche Flora und Fauna wird man gentechnisch nicht hinbekommen, schon weil man die Originale großteils weder kennt noch rechtzeitig vor dem Aussterben eingefroren hat.

Also, technisch lässt sich der Klimawandel mittelfristig vielleicht positiv beeinflussen, wobei wir damit rechnen müssen, dass wir den Teufel mit dem Beelzebub austreiben. Die Artenvielfalt wird die Technik aber weder retten noch wiederbeleben. Die Lösung muss deshalb sein: Leben erhalten, was da ist, solange es noch da ist!

## WENIGER WIRD MEHR?

»Das [Silicon] Valley wird die Welt nicht retten ... Zum 1. August, sagen die Forscher von Global Footprint, hat die Menschheit die während eines Jahres erneuerbaren Ressourcen aufgebraucht: Holz und Wasser etwa und auch die Menge $CO_2$, die von Pflanzen aufgenommen wird. ... Ja, es gibt viele kluge technische Lösungen. Aber Technologie allein wird die Welt nicht retten. Klingt uncool, nach Jutetasche und Tofu, doch am Ende hilft nur: weniger. Weniger Fläche, weniger Reisen, kleinere Autos, dünnere Burger.«

Das sage nicht ich nach einem viel zu heißen Sommertag, sondern Hauke Reimer, der stellvertretende Chefredakteur der Wirtschaftswoche! Im Vorwort der 32. Ausgabe 2018 heißt es weiter: »Doch bis wir das kapiert haben, wird es noch viele heiße Sommer brauchen.«

Wir sollten uns mit dem Kapieren lieber ganz doll beeilen.

# BEDEUTUNG
# DER ARTENVIELFALT

So weitermachen wie bisher und auf technische Rettung hoffen ist also keine Option. Ein No-Go. Für Sie, für mich, für die ganze Menschheit. Das wäre der finale Fehler. Game over!

Aber vielleicht haben Sie bei all den wichtigen Zukunftsprognosen das zentrale Thema Artenvielfalt aus den Augen verloren? Zur Erinnerung, ohne gesunde Artenvielfalt gibt es keine Luft zum Atmen, kein Wasser zum Trinken oder Bewässern, keine Nahrung für uns und unsere Kinder! Die Artenvielfalt trägt maßgeblich zu allem bei, was in unserer Umwelt wichtig ist: zum lokalen und globalen Klima, zum Hochwasserschutz, zum Erhalt fruchtbarer Krümelböden. Zur Erholung, zu Spaß und Sport im Freien. Artenvielfalt schenkt uns einige der wichtigsten und umsatzstärksten Medikamente. Und wer weiß, was wir in den Dschungeln und Meeren noch alles finden? Herpescreme aus Schwämmen, Schmerzmittel aus Harpunenschnecken, Anti-Krebswirkstoffe aus Seehasen gibt es schon. Was kommt da noch? Lebewesen sind ungemein wichtige $CO_2$-Senker, ob als Urwaldriesen oder Bodenpilze, ob als Kalkalgen oder Flügelschnecken im Meer. Artenreiche Lebensgemeinschaften sind stabiler gegen Klimawandel und andere Umweltänderungen, allein die Naturschutzgebiete versorgen uns mit »Ökosystemdienstleistungen« von Billionen Dollar jährlich, u.v.m.

Insbesondere aber sollten wir Respekt vor unseren Mitlebewe-
sen haben, ihrer Lebensgeschichte, ihrer Daseinsberechtigung.
Wir haben kein Recht, alles auszurotten, was uns begegnet!

Auch wenn wir zunehmend virtuell unterwegs sind und
unsere Zukunft in digitalen Welten sehen: Wir sind weit über
sieben Milliarden Menschen, und wir alle wollen überleben,
in der realen Welt. Ohne Artenvielfalt, ohne eine Vielzahl verschiedener Organismen, ihr Zusammenspiel in vielgestaltigen
Lebensräumen geht das nicht. Sterbende Arten, kollabierende
Ökosysteme reagieren empfindlich auf Wandel und sind dadurch
sozusagen die schnellsten apokalyptischen Reiter des drohen-
den Naturversagens. Der Ökokollaps von immer mehr Systemen
beschleunigt substanziell den Klimawandel. Diese biogeophysi-
kalische Rückkopplung sorgt für einen noch schnelleren Wandel
und ein baldiges Aus für uns Menschen. Unser System schmiert
ab. Wir müssen sofort einschreiten, koste es, was es wolle!

## Finanzieller Schaden

Ohne Ökonomie keine Ökologie, sagen viele. Dabei ist es genau
umgekehrt: ohne Ökologie keine Ökonomie! Jedenfalls nicht
auf Dauer und nicht mehr lange.

Raubbau an natürlichen Ressourcen, Rohstoffen, Wäldern,
Meeren, Böden ist lukrativ. Was ich auch ausbeute, der Gewinn
wird bisher privatisiert, die Kosten für Ressourcenverbrauch oder
Umweltverschmutzung werden von der Gemeinschaft getragen –
oder fallen komplett unter den Tisch. »Externe Kosten« nennt
man das. Sie spielen für die Kalkulation keine Rolle, Anreize zum
pfleglichen Umgang mit der Natur werden nicht gesetzt.

Wozu denn auch, denn Raubbau funktioniert eine ganze Weile
recht passabel, das wissen wir, weil wir es beobachten konnten.
Industrielle Landwirtschaft, Verbrennung fossiler Energieträger,

Umweltverschmutzung war lange ein lokales und regionales Problem. Keine Lachse mehr im Rhein, Ruß im Ruhrgebiet, Güllegestank um die Schweinefabriken herum, das hat die Welt nicht interessiert. Genauso kalt ließ uns der Smog in London, das Verschwinden des Kabeljaus vor Neuengland, Tschernobyl … na ja, Letzteres war wohl seit den Atombomben auf Japan das erste lokale Ereignis, das zumindest größere Teile der Welt erreichte. Opfer und Leid atomarer Unfälle sind unermesslich, auch die Kosten sind immens. Deshalb kann man Kernkraftwerke auch nicht gegen Super-GAUs versichern. Die Kosten des Unfalls in Fukushima liegen bei rund 200 Milliarden Dollar, bisher. Was kosten das Ozonloch, der Klimawandel, der Schwund der Artenvielfalt? Solch globale Probleme erreichen uns jedenfalls alle.

Tatsächlich gibt es Schätzungen, wonach uns Umwelt- und Naturschäden bereits einige Billionen Dollar pro Jahr kosten. Noch stellen uns globale Ökosysteme wohl einen dreistelligen Billionenbetrag an Naturleistungen bereit, etwa den doppelten monetären Wert sämtlicher Volkswirtschaften: Der Verlust an globaler Biodiversität und damit verbundenen Leistungen könnte uns also unermesslich teuer zu stehen kommen. Dagegen stehen traumhafte Umweltrenditen: Allein durch Investitionen von 46 Milliarden Dollar in Schutzgebiete könnten Ökosystemleistungen von rund fünf Billionen Dollar generiert werden, pro Jahr!

Mit solchen Schutzgebieten wäre nicht nur die Welt samt unserer Zukunftschancen besser. Mit den erwirtschafteten knapp fünf Billionen – pro Jahr – könnte man zusätzlich eine Menge Gutes anstellen: Sämtliche 800 Millionen Hungernde sättigen, sämtliche ein bis zwei Milliarden Mangel- und Fehlernährten versorgen, sämtliche zig Millionen Lepra- und Malariakranke mit Medikamenten behandeln, sämtlichen ungeimpften Kindern in Risikogebieten die nötigen Seren verschaffen, sauberes Trinkwasser für alle Dürstenden zur Verfügung stellen, Alphabetisierung und Bildung für alle einleiten, auch noch die letzte Hütte mit sparsamen Öfen und Fotovoltaik ausstatten, weltweit riesige Schutzgebiete ausweisen und Arbeitsplätze für unzählige Ranger und Guides schaffen. Zum Beispiel. Wir könnten Rodungsstopps für Tropenwälder belohnen, globale Biolandwirtschaft fördern, die Plünderung der Ozeane beenden, die Lebensgrundlage von Milliarden Menschen in Meeresnähe sichern. Wir könnten endlich erforschen, was es alles an Arten gibt, inklusive der Mikroben – und was sie so tun. Investieren in neue Enzyme, nützliche Naturstoffe, in naturnahen Tourismus, in traditionelle Heil- und Kochkunst mit lokalen Zutaten. Und so weiter und so fort.

Oder wir tun nichts von alledem, weil wir angeblich kein Geld dafür haben, und plündern und zerstören munter weiter. Und wieder ist ein untätiges Jahr vorbei, wieder sind Millionen Menschen verhungert, an heilbaren Krankheiten verstorben, wieder wurden Wälder gerodet, Böden vergiftet, Meere vermüllt, der Planet erhitzt, und wieder wurden fünf Billionen vergeudet!

Diese Schätzungen im Rahmen von TEEB *(The Economics of Ecosystems and Biodiversity)* sind übrigens schon bis zu zehn Jahre alt. Seither wurden wohl 50 Billionen Dollar am biologischen und moralischen Erbe der Menschheit vernichtet. Zugleich hätten sich weitgehend ungenutzte Geschäftschancen im Bereich Ökologie und Nachhaltigkeit von mehreren Billionen ergeben. Das sollen die Ökonomen, Politiker und Entscheider erst mal erklären.

Kein Geld für den Erhalt von Natur und Lebensgrundlagen? Knappheit, Destabilisierung, Aggression? Produzieren und kaufen wir lieber mal Waffen: Dafür flossen 1,74 Billionen Dollar, allein 2017. Auch dafür könnten wohl sämtliche Regenwälder und Riffe auf einmal geschützt, sämtliche Ökosysteme nachhaltig genutzt, sämtliche Hungernden ernährt werden.

## Rettungsversuche

Weiß denn das niemand? Tut denn niemand was? Irgendetwas muss man doch unternehmen können! Ja, etliche der zig Milliarden Menschen, Firmen, Regierungen haben sich Gedanken gemacht, Lösungen vorgeschlagen und auch Teilerfolge errungen. Zu durchschlagenden Erfolgen kam es nicht, denn die Umwelt wird weiter zerstört, immer schneller vergiftet, Arten sterben immer schneller aus.

Hat der Naturschutz versagt? Haben wir Menschen versagt? So gesehen, ja! Doch ohne die viele Mühe, Arbeit und auch das in Naturschutz investierte Geld wäre alles noch viel schlimmer.

Wie geht es weiter? Mehr hilft mehr? Oder brauchen wir neue Ansätze?

Natürlich gibt es Einiges an positiven Entwicklungen. Dies ist eine rein subjektive Auswahl von guten, gut gemeinten und grandios gescheiterten Aktionen:

- 1972: Der »Club of Rome«, eine internationale Wissenschaftlervereinigung, der etwa Prof. Ernst Ulrich von Weizsäcker angehört, warnte erstmals vor übermäßigem Wachstum und Verbrauch in einer endlichen Welt mit begrenzten Ressourcen. Die Menschheit war jedoch geschickt bei der Schatzsuche und erfinderisch in der Ausbeutung von Rohstoffen: Den viel zitierten »Peak Oil« haben wir immer noch nicht erreicht. Wohl aber die Erkenntnis, dass wir 60 Prozent aller heute bekannten fossilen Energieträger im Boden lassen müssen, wollen wir nicht unrettbar in die Klimakatastrophe schlittern.

- 1975: Das »Washingtoner Artenschutzabkommen« tritt in Kraft. Es ist aber eigentlich kein Schutzabkommen, sondern, wie der englische Name *Convention on International Trade in Endangered Species of Wild Fauna and Flora* (kurz CITES) ausdrückt, ein Handelsabkommen. Es bildet die Grundlage zur Beschränkung des internationalen Handels mit bedrohten Arten, die in verschiedene Kategorien eingeteilt werden. Hat man ein Stück tote Steinkoralle vom Strand im Urlaubsgepäck und keine Ausfuhrpapiere, ist man am deutschen Zoll fällig. Doch gibt es nach wie vor in sehr großem Stil Handel mit gefährdeten Arten. Selbst mit den allergefährdetsten wird gehandelt, weil so manche Ursprungsländer gültige Papiere ausstellen. Fünf Tonnen streng geschützte Korallen legal importieren? Kein Problem, sie lassen sich gegen einen kleinen Unkostenbeitrag beschaffen. Seltenes Großwild abballern? Eine reine Kostenfrage, so scheint es, und so manche vom Aussterben bedrohte Jagdbeute darf man dann sogar legal mit ins Heimat-Industrieland nehmen. Zur legalen Verscherbelei von raren Wildtieren kommt die Wilderei derzeit auf Rekordniveau etwa bei Elefanten und Nashörnern.

- 1986: Das internationale Moratorium zum Walfang wird beschlossen und gilt bis heute. Indigene Völker dürfen allerdings weiterjagen. Japan und insbesondere Norwegen jagen weiter, angeblich »für wissenschaftliche Zwecke«. Und natürlich wird auch weiter gewildert. Dennoch haben sich einige der früher stark bejagten Walarten seither erholt: ein echter Erfolg!

- 1992 gab es den »Erdgipfel« in Rio. Man wollte die Natur retten. Der Grundstein zur multinationalen Konvention zur Biologischen Diversität (CBD) entstand. Im Nagoya-Protokoll entschieden sich bisher rund 100 unterzeichnende Länder, dass sie die Biodiversität schützen, erforschen und fair nutzen wollen. Geschützt wurde wenig, erforscht noch weniger, außer wirtschaftlichen Interessen, und genützt hat es Bürokraten und Leuten, die meinen, dass die wenigen Biodiversitäts-Forscher die Biodiversität bedrohen.

- 1992: Dass wir die Natur und uns selbst dringend retten müssen, schreiben über 1700 Wissenschaftler einschließlich vieler Nobelpreisträger in ihrer »Warnung der Wissenschaftler der Welt an die Menschheit«. 25 Jahre später, 2017, zeigt die zweite Warnung von nunmehr über 15.000 Wissenschaftlern aus über 180 Ländern: So gut wie alle Indikatoren, außer dem vermutlich unter Kontrolle gebrachten Ozonloch, zeigen eine dramatisch verschlechterte Umwelt und Biodiversität. Trump leugnet den Klimawandel trotzdem, Billigburger beglücken die Welt, und geschützte Großwildarten abzuballern ist immer noch problemlos möglich.

- Und noch mal 1992: Die Flora-Fauna-Habitat-Richtlinie (FFH) der EU sieht vor, den Artenschwund bis 2010 zu stoppen und die Qualität der Biotope zu erhalten oder zu verbessern. Hat vermutlich noch Schlimmeres verhindert, aber fast alle Indikatoren blieben schlecht oder haben sich seither verschlechtert.

- 2000: Präsident Bush junior gewann die US-Wahl gegen Al Gore. Ob der Ölbaron und spätere Kriegstrickser durch Wahlbetrug zum Zug kam oder tatsächlich ein paar Stimmen mehr hatte: Es war die aus Umweltsicht vielleicht mieseste Wahlentscheidung der Menschheitsgeschichte! Vom hoffnungsvollen Hauptakteur gegen den salonfähig gewordenen Klimawandel wurde Al Gore zum Filmproduzenten degradiert. Oscar und vorbildlichen Einsatz hin oder her, der $CO_2$-Ausstoß steigt seit »Die unbequeme Wahrheit« weiter sprunghaft an.

- Deutschland beschließt im Jahr 2000, die erneuerbaren Energien zu fördern, was mutig und grundsätzlich richtig ist. Details müssten nachgebessert und der Ausstieg aus den fossilen Energien möglichst sofort vollzogen werden. Doch das will die Industrie nicht und deshalb die Regierung auch nicht. Medien und Menschen sehen oft nur das Geld, was es kostet, aber nicht die viel größeren Umwelt- und Gesundheitskosten, die uns der Umstieg langfristig erspart. Allerdings nur, wenn alle mitmachen …

- Und es begann der *Census of Marine Life* (CoML). Mit 50 Millionen Dollar der US-amerikanischen *Alfred Sloan Foundation* (begründet vom Ex-CEO von General Motors) sollten die Meere und insbesondere das Leben darin erforscht werden. An zwei der 14 Teilprojekte war ich beteiligt, Antarktis und Tiefsee. Aufregend und produktiv war's! Kollegen aus aller Welt erreichten mit ihren Projekten ein Gesamtvolumen von 650 Millionen Dollar, aber nur auf dem Papier, indem man alles zusammenrechnete, was sowieso ausgegeben wurde. Über 6000 neue Arten wurden entdeckt, nur etwa 1200 davon auch beschrieben, oft nicht von Taxonomie-Profis, sondern von unbezahlten Studenten oder Fachamateuren. Was ist mit den restlichen knapp 5000 neuen Tierarten? Vergammeln mangels Interesse, Experten und vernünftiger Bezahlung in irgendwelchen Schubladen? Was bleibt sind jedenfalls die viel zu wenigen neu beschriebenen und publizierten Arten. Über eine weitere Million unbekannter mariner Tierarten harren wohl weiter auf Entdeckung, vermutlich sterben fast alle davon aus, bevor wir sie mangels Forschungsfinanzierung zu Gesicht bekommen könnten.

- 2001–2005: Im Millennium Ecosystem Assessment analysieren 1360 Experten die Auswirkungen von Veränderung der Ökosysteme auf das Wohlergehen der Menschen: Basislektüre. Allerdings war die Biokrise noch kein großes Thema, man glaubte, die Menschheit würde sich hin zu mehr Nachhaltigkeit ändern, und so fielen allgemeine Prognosen optimistisch aus. Ein aktuelles Update dürfte düster ausfallen und in eine Abwärtsspirale aus Zerstörung und Elend münden.

- 2003: Die EU fördert erneuerbare Kraftstoffe. Was gut nach »Bio« klingt ist ein absoluter Etikettenschwindel: Intensiv-Landwirtschaft nach Vorbild der USA schafft nun auch in Europa pestizidverseuchte Maiswüsten. Weizenwüsten. Raps- und Rübenwüsten. Brasilien fackelt noch mehr Wald ab und baut Zuckerrohr und Soja noch industrieller mit noch mehr Pestiziden und weiterhin zu Hungerlöhnen an. In Südostasien verschwinden seither zehn Millionen Hektar Urwald für Ölpalmen, nur wegen der Biodiesel-Richtlinie der EU, heißt es. Natürlich alles nach EU-Regeln zertifiziert, von den Raubbau-Firmen höchstselbst. 2020 soll Schluss damit sein. Die Luftfahrtindustrie freut sich wohl schon auf frei werdende Kapazitäten für »Biodiesel«, immerhin soll sich der anerkanntermaßen umweltschädliche Luftverkehr bis 2050 verfünffachen (!!!), vermutlich steuerfrei.

- 2008: Über 400 Wissenschaftler verfassen im Auftrag der Weltbank den schonungslos kritischen Weltagrarbericht. Fazit: Das Landwirtschafts- und Ernährungssystem ist krank und macht krank!

- Glühbirnen wurden 2009 in der EU endlich verboten. Das war sinnvoll, insbesondere seit es langlebige LED-Birnen als Ersatz für quecksilberhaltige Energiesparlampen auf dem Markt gibt.

- 2010: Die Flora-Fauna-Habitat-Ziele der EU sind allesamt gescheitert und wurden auf das Jahr 2020 verschoben. Stand 2018 sind sie wieder alle gescheitert und werden vermutlich auf das Jahr 2050 verschoben, weil dann sowieso alles tot ist.

- 2010: Die UN-Dekade der Biodiversität wird eingeläutet. Etliche sinnvolle »Aichi«-Biodiversitäts-Ziele für 2020 werden beschlossen – und wohl samt und sonders verfehlt. Vielleicht verlieren wir bis 2020 global eine halbe Million Tierarten, vielleicht auch mehr. Weiß niemand, denn neue Arten werden ja mangels Gelder kaum erforscht, geschweige denn beschrieben und publiziert.

- 12. Oktober 2014: Die Access-und-Benefit-Sharing-Ge-setze (ABS) der EU treten in Kraft. Gut gemeint, doch schlecht gemacht: Sie würden als Biodiversitätsforschungs-Verhinderungsgesetze in die Menschheitsgeschichte ein-gehen, hätte die Menschheit eine Zukunft.

- 2015 kam es zur Nachhaltigkeitserklärung der UNO. Ein echtes Pfund! 17 Ziele für eine nachhaltigere und da-mit bessere Welt im Jahr 2030. Praktisch alle unerreich-bar ohne immense Anstrengungen jetzt, hier und heute. Doch davon fehlt jede Spur!

- Wir Deutschen waren Papst. Das ist 2015 längst vorbei – und das ist gut so. Denn der neue argentinische Papst Franziskus hat erkannt, wie mies es um den Zustand der Natur steht. Wenn wir Schäfchen auch in Zukunft fried-lich auf unserem Planeten weitergrasen wollen, müssen wir unser Landwirtschaftssystem ändern, schreibt der Papst! Und wir müssen unser Wirtschaftssystem ändern, schreibt der Papst! Dass wir viel weniger Schäfchen zeu-gen sollten, wenn uns Weide und Herde lieb sind, schreibt auch er leider nicht.

- Wir Deutschen sind Mülltrennweltmeister. Andere Län-der beneiden uns. Trotzdem wissen auch wir nicht, wo-hin mit all dem Dreck, müssen in Verbrennungsanlagen schon getrennte Wertstoffe zufeuern beim allgemeinen Hausmüll, und können Plastik neuerdings nicht mehr nach China exportieren. Elektroschrott wird nach wie vor in Drittweltländern abgeschoben. Beim Atommüll wussten wir eh nie wohin damit.

- Plastiktüten geht es ab 2015 so richtig an den Kragen. Millionen Tonnen Plastik in anderen Produkten aber nicht. Auf eine arg begrenzte Lebensdauer (Obsolenz) hin produzierten technischen Produkten ebenfalls nicht. Miesen Recyclingquoten von zwei Millionen Tonnen Elektronikprodukten jährlich allein in Deutschland auch nicht. Den Grundlagen der Konsum-, Wegwerf- und »Werbung-weckt-Bedürfnisse«-Kultur leider auch nicht. Ob da vielleicht ein bisschen Alibi-Aktionismus im Spiel ist? Ob man an EU-Prioritäten arbeiten sollte? Ob an sich mündige VerbraucherInnen dank solcher mäßig sinnvoller Maßnahmen bei wichtigeren Dingen genauso willig kooperieren werden?

- Seit Dezember 2015 gibt es das Pariser Klimaabkommen. Über 190 Nationen haben unterzeichnet. Nur der pro Kopf übelste Klimasünder, die USA, sind bisher ausgetreten. Alle anderen machen erst mal wenig. Das ambitionierte deutsche Klimaziel ist bereits als gescheitert erklärt worden, völlig ohne Not; so lasset all die vielen Braunkohlemeiler denn fröhlich weiterdampfen! Braunkohleweltmeister sind wir nämlich auch.

- Und Betrugssoftware-Weltmeister! Wobei das niemand groß zu stören scheint, man kauft munter weiter übermotorisierte Boliden, »faked in Germany«. Die Amis verklagen VW und kassieren etwa 25 Milliarden Strafen und Abfindungen. Andere gehen bisher leer aus, die Umwelt sowieso, denn tote Tiere, Pflanzen und Ökosysteme klagen nicht. Was auch niemand zu stören scheint.

- Das Bienensterben schafft es in die Medien. Endlich einmal ein biologisches Thema! Auch wenn es »nur« die kommerziell wichtigen Honigbienen als Bestäuber sind.

- Das Insektensterben ist 2017 ein Thema! Pestizide in der Landwirtschaft sind die Hauptübeltäter. Die wichtigsten Mittel sind der Unkrautvernichter Glyphosat und Nervengifte aus der Neonicotinoid-Gruppe, sogenannte »Neonics«. Sie alle sollten laut Gesetz bei Bedarf, also bei Unkraut- oder Schädlingsbefall angewendet werden dürfen; werden es aber üblicherweise vorbeugend, in beliebiger Kombination, faktisch geheim und in rauen Mengen. Als das Glyphosat EU-weit verboten werden sollte, setzte sich Bundeslandwirtschaftsminister Schmidt vermutlich keck über die Weisung der Kanzlerin hinweg. Ein echter Bauern- und Industrielobby-Klassiker! Und nein, sicher krebserregend ist das Zeug nicht, sondern nur vielleicht krebserregend und erbgutgefährdend; dafür sicher augenschädlich und giftig für Gewässerorganismen!

- Oktober 2017. Meine Ko-Autorin und Rolex-Preisgewinnerin Vreni Häussermann und ich geben der sterbenden Biodiversität einen passenden Namen: Biodiversitot (siehe www.biodiversitot.de). Wir sind überzeugt: Wenn von oben nichts für die Natur getan wird, müssen Initiativen und Umschwung eben von der Basis her kommen!

- November 2017: Wir starten die wohl erste Online-Petition für Artenforschung und gegen Artensterben: www.change.org/artensterben (mit bereits über 80.000 UnterstützerInnen). Bitte unbedingt mithelfen und weiterverbreiten!

- Überhaupt steigt das Biokrisen-Bewusstsein: Einzelne
  BürgerInnen, Parteien, Medien, insbesondere Öffentlich-
  Rechtliche und Qualitäts-Printmedien verbreiten die Nach-
  richt.

- WissenschaftlerkollegInnen reagieren überraschend positiv auf unsere Initiativen. Insbesondere kleinere Vereine und Naturschutzorganisationen unterstützen die Sache.
  Deutlich weniger Interesse erfahren wir mit unserem Ar-
  tenschutzansatz von satzungsgemäßen Naturschützern wie
  dem Alpenverein (Paragraf 2 der Satzung: Naturschutz …),
  der sich »auf seine alpinistische Kernkompetenz konzent-
  rieren« müsse; also auf sportliche und naturerholerische Bedürfnisse von Millionen von Mitgliedern, die sich zum Wo-
  chenende oder Ferienbeginn mit geräumigen Turbodieseln
  zum Wandern, Skifahren oder Mountainbiken in Richtung
  Alpen stauen? Ein ADAC der Berge mit »Naturnutz« bis
  zum bitteren Ende, das mag ich nicht glauben! Auch Greenpeace Deutschland bat ich um Unterstützung meiner Petition; die waren wenigstens so ehrlich, mir zu schreiben, dass
  sie fremde Kampagnen üblicherweise nicht unterstützen.
  Fach-fremd? Art-fremd? Finanzierungs-fremd sicher nicht,
  denn ich bin seit über 30 Jahren Mitglied bei Greenpeace
  und im Alpenverein – noch. Ach ja, es ging hier um Positives: Richtig nett und an der Sache orientiert war zum Beispiel die GdR, die »Gesellschaft zur Rettung der Delfine«!

- April 2018: Drei (von vielen) »Neonics« wurden verboten, weil sie Bienen töten oder verwirren. Das tun die vielen anderen Insektenvernichtungsmittel natürlich auch
  und werden weiterhin beliebig zusammengemischt und
  auf die Felder gespritzt.

- April 2018: Auch das Münchner Boulevardblatt TZ startet eine ganzseitige Serie zum Thema Artensterben. Doch noch gibt es kein allgemein empfundenes Handlungsbedürfnis, wie im Fall der Klimakrise. Es fehlt die Massenbewegung, damit das Thema in den regierenden Volksparteien ankommt.

- Mai 2018: Wow! Der Start eines Volksbegehrens »Artenvielfalt« in Bayern war noch vor wenigen Jahren unvorstellbar. Das Programm (www.volksbegehren-artenvielfalt.de) fordert eine Umstellung auf schonendere Landwirtschaft, Schutzgebiete, bessere Umwelterziehung und vieles mehr! Kommen genügend Unterschriften zusammen, und daran zweifle ich nicht, gibt es einen Volksentscheid. Wird dieser gewonnen, ist der Erhalt von Artenvielfalt samt vielerlei wirksamer Maßnahmen plötzlich Landesgesetz! Dann ändert sich erstmals wirklich etwas! Let it Bee!

Diese Gesetzesinitiative in Bayern macht Mut auf einen echten Umschwung der Realpolitik und der Einstellung in der breiten Bevölkerung. Der von der ÖDP gestartete Vorstoß in Sachen Überleben wird unter anderem auch von den Grünen, der SPD und den Linken unterstützt, von der CSU (noch?) nicht. Seltsam, ja geradezu grotesk war dabei das Verhalten der Vorstandsetage zweier großer Naturschutzverbände: Maßnahmen auf Landesebene seien nicht zu Veränderungen geeignet, das müsse national und auf EU-Ebene geschehen, verkündeten Spitzenfunktionäre. Sorry, aber aus meiner Sicht ist das völliger Käse! Lokal handeln, global denken, heißt die Devise doch schon immer. Und natürlich gäbe es durch ein erfolgreiches Volksbegehren eine ganze Reihe Verbesserungen bis hin zu einem Unterrichtsfach Ökologie und Naturschutz für Landwirte, was ich allerdings in allen

Schulen und Unis für einen ungeheuer wichtigen Schritt halten
würde! Überhaupt sollten wir uns gemeinsam auf das Ziel kon-
zentrieren, die gute Sache, und alle legalen Mittel und Ebenen
nutzen – auch wenn die nötigen ersten Schritte von anderen
Organisationen als den eigenen getätigt werden!

Ob in der Familie, im Bekanntenkreis oder im Betrieb, im
Alpenverein, bei Greenpeace, BUND, LBV oder NABU, ob bei
der ÖDP, den Grünen, den Linken, der SPD oder der CDU/
CSU: Überall in den Vereinen und Parteien gibt es erklärte
Naturliebhaber, die der geschundenen Natur etwas Gutes tun
wollen. Tun Sie das! Reden Sie darüber! Motivieren Sie andere,
aktivieren Sie Mitstreiter, Mitglieder in den Klubs, machen Sie
denen da oben ordentlich Druck!

## DAS WUNDER VON MALS

*Dass es Wunder gibt, wenn man sich dafür einsetzt, beweist das
kleine Dorf Mals in Südtirol. Dort werden Äpfel angebaut, und die
wurden sehr stark gespritzt. Bis sich das Dorf mehrheitlich ent-
schloss, auf pestizidfreien Bioanbau umzusteigen. Was gab es für
einen Aufschrei in den Bauernverbänden und in der Landespolitik!
Gegen die Biobauern wurde gerichtlich vorgegangen (kann es denn
so was wie eine Giftpflicht geben?). Zusätzlich wurden die Bioäpfel
mit extra viel Pestiziden verseucht, ein Glyphosat-Attentat! Terror
der ewig Gestrigen. Doch nun schaut es gut aus, und das Beispiel
könnte Schule machen. Sollte? Muss! Alle, die ohne Not vom ökologischen Imperativ abweichen, sollten saftige Ausgleichszahlungen
leisten müssen. Und zwar an die, die nachhaltige Lebensmittel produzieren, konsumieren und die Natur schützen.*

# Fazit

Die biologische Krise ist real, schreitet immer schneller voran und ist, zu Ende gedacht, das sichere Aus für Wohlstand und Zivilisation.

Das wenige Positive bisher reicht hinten und vorn nicht. Komplexe und bürokratische Konstrukte nützten wenig oder waren kontraproduktiv, weil Amtsschimmel, Geld- und Machtinteressen samt einer Armada aus willfährigen Juristen und PR-Spezialisten Konzepte und Gesetze abwürgten oder sogar ins Gegenteil verkehrten. Es muss um die Sache gehen, um unser aller Wohl, um unser aller Überleben.

Was wir brauchen, ist sofortiger Schutz für alles Leben in einer möglichst intakten Umwelt. Dafür brauchen wir Informationen, Fakten und tragfähige Konzepte – und natürlich Mittel, lohnende Investitionen in unser aller Zukunft.

Was wir auch brauchen, sind Forscher, Forschungsgelder und taxonomische und ökologische Daten von möglichst viel Leben da draußen, solange es noch existiert. Wir Forscher würden der Gesellschaft gern mit guten Vergleichsdaten und guten Argumenten dienen!

Hier wie dort ist Haltung, gesunder Menschenverstand und eine breite Bewegung für nachhaltiges und gutes Leben gefragt. Denn von allein werden es Wirtschaft und Politik kaum richten; zumindest haben sie das in langen Jahrzehnten nicht. Kaufen, unterstützen und wählen Sie also die Produkte, Organisationen, Firmen und Repräsentanten, denen Sie echte Veränderungen zur Nachhaltigkeit zutrauen! Es ist allerhöchste Zeit. Wenn sich nicht sehr bald etwas fundamental in unserer Gesellschaft ändert, wird aus der Biokrise eine Biokalypse.

Die »Allianz der Wissenschaftler der Welt« umfasst schon über 20.000 KollegInnen aus so gut wie allen Ländern. Die Bot-

schaft der Wissenschaft ist eindeutig: Noch machen wir die
Natur kaputt, bald macht die Natur uns kaputt. Jedes Kleinkind
versteht, dass es so nicht weitergeht. Wir müssen schleunigst die
Welt retten, sonst war es das mit unserer Zivilisation.

Bild in englischer Originalversion freundlicherweise zur Verfügung gestellt von der Union
of Concerned Scientists, Bill Ripple. www.scientistswarning.forestry.oregonstate.edu.

# WAS TUN?

Klimawandel und biologische Krise: Es gibt keine einfache und billige Lösung für solch komplexe, verschränkte und gewaltige Probleme. Manche bezweifeln, dass sie überhaupt lösbar sind. Auch viele Fachleute sind dieser Ansicht: Naturschützer rollen gleichsam wie Sisyphus immer wieder mühsam den Stein der Aufklärung den Berg aus Konsum, Unwissenheit und gleichgültiger Profitgier hinauf, dabei wird der Berg jeden Tag steiler und höher. Bald rollt der riesige Brocken rückwärts über uns hinweg. Das war's dann.

So einfach? Lieber gleich aufgeben? Resignieren, sich ein schönes Restleben machen oder gleich so richtig die Sau rauslassen?

Durchaus verständliche Reaktionen. Ich bin nicht böse auf Leute, die so denken.

Aber hilfreich geht anders. Wir müssen einsehen, dass die Lage ernst, die Sorge begründet ist. Wir müssen akzeptieren, dass wir inmitten gewaltiger Herausforderungen stehen und wir viele verschiedene Lösungswege gleichzeitig angehen müssen. Und dass wir sofort handeln müssen. Wir. Jeder. Auf allen Ebenen!

## NUR MUT!

*Neulich, beim Unterschriftensammeln für das Volksbegehren Arten-
vielfalt in Bayern: Mit unseren knallorangen »Rettet-die-Bienen«-
T-Shirts stachen wir aus der sowieso schon bunten Menge auf dem
Münchner Kulturfestival Tollwood heraus. Viele Menschen kommen von selbst auf uns zu, andere muss man ansprechen. »Haben
Sie kurz Zeit für die Artenvielfalt?« – »Möchten Sie mit uns die Bienen retten?« – »Hallo, bitte helfen Sie …«. Was man da nicht alles
lernt. Zum Beispiel, dass man vorher nie weiß, wer unterschreibt.
Alt oder Jung, Frau oder Mann, Hippie-Look oder fein herausge-
putzt, Bierflasche in der Hand oder Smartphone, Stadt oder Land.
Manche sind froh, dass man sie angesprochen hat und sie für eine gute Sache aktiv werden dürfen. Andere sagen höflich »Danke«
und gehen ungeniert weiter. Manche würdigen uns keines Blickes
oder verziehen verständnislos bis angewidert die Mundwinkel. Man
kann hören, was sie denken: »Habt ihr Trottel nichts anderes zu tun,
als uns ein schlechtes Gewissen zu machen, uns den Spaß zu verderben, meine wertvolle Zeit zu stehlen?« Oder einfach nur: »Bienen? Hä?«*

*Sie wissen es halt nicht und wollen es vielleicht auch nicht wissen.
Man wird nie alle erreichen, eine Mehrheit quer durch die Bevölkerung wäre ja schon mal ein Anfang. Und was man da nicht alles er-
fährt. Nämlich, dass manche »eh schon genug für die Bienen tun«,
indem sie Balkonblumen haben. Oder andere in ihrem Garten eine
»blühende Wildnis extra für die Bienen zulassen«. Oder manche sogar aktive Umweltschützer oder Imker sind. Und trotzdem nicht un-
terschreiben! »Weil man eh nix ändern kann« – »weil ich schon so
viel tue und jetzt mal die anderen was tun sollen« – »weil der grüne
Bürgermeister doch schon wieder ein Neubaugebiet genehmigt hat!«
Verständlicher Trotz. Bringt uns und die Natur aber nicht weiter.*

*Gemeinsame ACTION für die gute Sache schon! Wir müssen raus aus dem Vorgarten, Kämmerlein oder geistigem Reservat, raus auf die Straße, in die Entscheidungsgremien, in die Politik! Give bees a chance!*

*Ach so, ja: Wenn es nicht für die gute Sache wäre, ich würde niemals stundenlang massenhaft wildfremde Menschen anquatschen. Ja, die Aktion hat Spaß gemacht. Weil man nicht allein mit seinen Ideen ist, für sie aktiv wird, andere motiviert, viel lernt! Gerade von denen, die andere Meinungen vertreten.*

---

# Retten wir die Artenvielfalt, retten wir die Welt!

Warum? Weil die Artenvielfalt nur überleben kann, wenn wir die Welt so umgestalten, dass vielfältiges Leben möglich, auf Dauer möglich wird. Artenvielfalt wird also zum Maßstab für unseren Umgang mit der Natur. Artensterben spiegelt Umweltversagen wieder, höhere Artenvielfalt reflektiert den richtigen Weg hin zu wirksamem Naturschutz. Und Naturschutz war und ist Menschenschutz. Wir müssen die Artenvielfalt schützen, sofort!

Hier ein Vorschlag in drei Schritten:

## 1. Lebensräume retten!

Ohne Lebensraum, kein Leben. Also sofort alle naturnahen Lebensräume in den Industrieländern und 50 Prozent der Erdoberfläche schützen! Insbesondere artenreiche, seltene und bedrohte Lebensräume gehören großflächig und wirksam bewahrt! Bei uns in Europa sind das etwa Moore, Wälder mit alten Bäumen, magere Wiesen, Berge. Auch Seen, Flüsse, Auen und Küsten. Global insbesondere tropische Wälder, Savannen, Gebirge, Mangroven, Korallenriffe, sämtliche halbwegs intakte Küsten, polare Meere und die Tiefsee. Ein Großteil dieser Flächen könnte nachhaltig bewirtschaftet werden, etwa über indigene Wald- und Wildtiernutzung oder kontrollierte Fischerei, andere Flächen müssten sogar sanft genutzt werden, um ihren Charakter und ihren Artenreichtum zu erhalten, zum Beispiel als extensive Weiden. Staatliche Flächen, ob Forst oder Offenland, sind ab sofort nur noch nachhaltig und naturschonend zu nutzen. Öffentliche Flächen in Städten sind zu mindestens 50 Prozent naturnah zu gestalten. »Eh-da-Land« ist mannigfaltig und vielgestaltig zu beleben und zu pflegen. Biotope gehören vernetzt. Besonders wertvolle, aber gestörte Flächen, etwa degradierte Hochmoore oder Auen, sind zu renaturieren. Meeresfischerei hat nachhaltig zu sein, darf die Habitate nicht zerstören (etwa durch Bodenschleppnetze), muss gemäß der längst existierenden wissenschaftlichen Empfehlungen drastisch reduziert werden.

Sämtliche Maßnahmen und Entwicklungen sind zu kontrollieren und Missbrauch zu ahnden. Kleinfischer und Kleinbauern sind gegenüber Großbetrieben zu fördern. Sanfte althergebrachte Nutzungen durch Einheimische sind zu akzeptieren oder, wo sie durch industrielle Verfahren verdrängt wurden, zu fördern. Lokale Bauern, Waldbauern und Fischer sollten sich wieder als Naturbewahrer sehen und für ihre Leistungen für die Natur auskömmlich gefördert und anerkannt werden!

## 2. Umweltgifte bannen!

Verkehrsmittel, Industrieanlagen, Wohngebäude, wir müssen Produktionsketten, unser ganzes Leben entgiften! Zur Erinnerung, die globale Landwirtschaft ist Artenkiller Nummer eins. Also müssen wir insbesondere dort anpacken: Gifte gehören weder auf den Acker noch auf den Teller! Genveränderte Organismen und Kunstdünger auch nicht! Pestizid-, GVO- und kunstdüngerfreie Biolandwirtschaft funktioniert! Giftfreie Forstwirtschaft und Fischerei auch. Bei uns und insbesondere in den Tropen! Ertragsverlusten von etwa 30 Prozent gegenüber konventioneller, industrialisierter Landwirtschaft bei uns stehen unbezahlbaren Gewinnen in Sachen Bodenerhalt, Artenerhalt und Ersparnis an Treibhausgasen entgegen. Gewinne an Nahrungsmittelqualität, an Landschaftsqualität, an Lebensqualität! Landwirte müssen bei der Umstellung auf Bio unterstützt, ein wirksames Anreizsystem geschaffen und Verstöße konsequent geahndet werden.

## 3. Klimagase runterfahren!

Ein Umstieg auf nachhaltige Land-, Forst- und Fischereiwirtschaft spart bereits gewaltige Mengen an Treibhausgasen ein. Das ist unverzichtbar, aber reicht nicht, um den Klimakollaps, die Versauerung der Meere und damit den millionenfachen Artentod zu vermeiden. Wir müssen schleunigst raus aus fossilen Energieträgern. Aus der Kohle sofort, aus Erdöl und Erdgas so schnell wie möglich. Wir müssen runter mit Konsum und Ressourcenverbrauch. Wir brauchen enorme Investitionen in die naturnahe Wiederbewaldung der Tropen, in die Aufforstung borealer Wälder, in die Wiedervernässung riesiger Moorgebiete – was auch vielerlei alternative Arbeitsplätze und touristisches Potenzial schafft. Wir brauchen ein Anreizsystem für Sorgsamkeit und Sparsamkeit, für Innovationen und Förderung des Gemeinwohls. Und wir brauchen zunächst Transparenz für externe Kosten, damit sich VerbraucherInnen informiert für sanftere und bessere Produkte und Dienstleistungen entscheiden können.

Mittelfristig müssen wir das gesamte System auf echte Kosten umstellen und statt Wachstum der Quantität auf Qualität
und Gemeinwohl setzen. Ein nachhaltiges, auskömmliches,
ökosoziales System mit der Natur und ihren Ressourcen könnte
auch zehn Milliarden Menschen langfristig versorgen, mit
einem guten Leben für alle.

Eine Vision, ja. Vorerst geht es noch vor allem darum, den
für alle tödlichen Kollaps der Natur zu vermeiden. Aber eine
Vision zu haben, an das Gute zu glauben, macht die Rettungs-
mission einfacher und damit wahrscheinlicher.

## Wer soll das bezahlen?

Wir. Ja, wir alle.

Bedenken Sie, wir bezahlen das alles ja jetzt schon, nur
bemerken wir es nicht. Wir Menschen zahlen momentan den
Preis für unser Leben, für unseren Bedarf und unseren Kon-
sum, für Wohlergehen und Luxus maßgeblich an Umweltver-
schmutzer und Lebensraumvernichter, an die Zerstörer unserer
Zukunft. Glauben Sie beispielsweise noch, Atomstrom oder
Kohle seien billiger als die erneuerbaren Energien, bloß weil
deren deutlich höhere Gesamtkosten nicht separat auf der
Stromrechnung stehen, sondern heimlich, still und leise über
Steuern, Abgaben und Krankenkassenbeiträge bezahlt werden
müssen? Wer, meinen Sie, bezahlt die 320 Milliarden Dollar
Schäden durch Naturkatastrophen allein 2017? Wir alle bezah-
len für Raubbau nicht nur mit Geld, sondern auch mit unserer
Gesundheit, mit Lebenserwartung – und insbesondere mit der
Zukunft unserer Kinder. Wir bezahlen mit unserer Moral und
unseren Träumen.

Ist es das wirklich wert? Wenn wir samt einer halbwegs funk-
tionsfähigen Natur überleben wollen, müssen wir lernen, dieje-

nigen zu bezahlen, angemessen, auskömmlich und fair, die uns allen ein gutes Leben in der Zukunft ermöglichen. Und diejenigen zahlen zu lassen, die sich auf Kosten unserer Zukunft bereichern. So einfach ist das.

Konkret heißt das, das sämtliche umweltschädlichen Subventionen, also derzeit gegen die Natur und die Zukunft der Menschen, in Subventionen für die Natur und die Menschen umgewandelt werden müssen. Allein in Deutschland sind das laut Umweltbundesamt mindestens 57 Milliarden Euro pro Jahr! Ist das nicht unfassbar? Sie und ich, wir alle finanzieren unseren Untergang! Mit über 160 Millionen Euro pro Tag, seit Jahren. Wollen Sie das? Wurden Sie jemals gefragt? Dann machen Sie sich bemerkbar!

57 Milliarden Euro im Jahr, damit ließe sich die heimische Land-, Forst- und Fischereiwirtschaft auf einen Schlag auf Nachhaltigkeit umstellen. Warum machen wir das nicht einfach? Warum unterstützen wir nicht einige wenige Hunderttausend Betroffene beim sowieso notwendigen, später nur noch teureren Wandel, zum Wohl von 83 Millionen Menschen allein in Deutschland? Weil es das Establishment nicht will, die Mehrheit der Politiker nicht, die Mehrheit der Wirtschaft nicht, und, verblendet von den Werbeindustrien und Massenmedien, die Mehrheit der Bevölkerung anscheinend auch nicht. Wieso eigentlich nicht? Was genau haben Sie zu verlieren? Und, was haben Sie zu gewinnen? Ihre Kinder, Familie, Freunde? Die Natur?

Das bedeutet, dass sämtliche externen Kosten, also auch Schäden an Natur, Menschenwohl und sozialen Systemen, für Produkte und Dienstleistungen in die Verkaufspreise einberechnet werden müssen. Zudem sollten Steuern und Strafen für den übermäßigen Verbrauch von Ressourcen und für Schäden an Umwelt und Natur erhoben werden.

Konkret heißt das aber auch, dass diejenigen auch finanzielle und ideelle Vorteile hätten, die ein naturverträgliches, nachhaltiges Leben führen. So und nicht anders sollte es sein. Wir brauchen ein ökosozial ausgerichtetes, auf Dauer lebensfähiges, das Gemeinwohl förderndes System. Zum Wohle und für eine Zukunft aller.

**Geht das?**

Entwaldung stoppen, Gifte vom Acker, Teller statt Tank: Klar geht das! Dafür gibt es zig Beispiele. Wie sogar eine globale Umstellung zur Nachhaltigkeit funktionieren könnte, trotz wachsender Weltbevölkerung, ohne große Einbußen an Wohlstand jetzt und mit viel mehr Wohlstand und Wohlergehen am langen Ende, haben viele schlaue Leute längst beschrieben, etwa unter dem Stichwort »große Transformation«, nachzulesen im Hauptgutachten des Wissenschaftlichen Beirats der Bundesregierung Globale Umweltveränderungen.

Und ein Systemwechsel, mit Boni für die Erhalter und Mali für die Zerstörer der Lebensgrundlagen aller? Na klar, eine ökosoziale Wende ist nicht nur möglich, sie ist absolut nötig. Natürlich wird es Widerstände der Umweltschmutzprofiteure geben, Zweifel und Zwietracht werden gesät werden, unterstützt von milliardenschweren Meinungsmacher-Industrien. Davon sollte sich niemand beirren lassen, denn: Je länger wir warten und je zögerlicher wir herumeiern, desto teurer und unangenehmer wird alles. Entscheiden wir uns freiwillig für eine ökosoziale Transformation, nehmen wir eine internationale Spitzenposition ein, werden ein gutes Beispiel!

- Welche Organisationen, Parteien oder PolitikerInnen haben solche Ziele? Unterstützen Sie sie!

- Welche Firmen, Medien, Institutionen haben solche Ziele? Unterstützen Sie sie!

- Welche Freunde und Verwandte, Bekannte und Kollegen, Vereine und Verbände haben solche Ziele? Unterstützen Sie sie!

## Wir können es schaffen ...

... denn wir haben die Macht dazu. Wir gut informierten, aufgeklärten und an einer lebenswerten Zukunft Interessierten können etwas verändern! Gemeinsam könnten wir immer noch alles zum Guten wenden, wenn wir nur wirklich wollten und endlich konsequent handelten!

### Unsere Macht als WählerInnen

Von oben nach unten, top-down die Welt ändern, das kann neben Despoten und Diktatoren auch die ganz »normale« demokratische Politik. Man hat es ja schon fast vergessen, aber, entsprechende Mehrheiten vorausgesetzt: Auch große Veränderungen könnten schnell beschlossen, ausgewogen gestaltet und wirksam durchgesetzt werden. Ich habe schon etliche wichtige Punkte anklingen lassen, hier noch einmal in Kürze:

- Für ökosoziale Transparenz bei allen Produkten und Dienstleistungen sorgen, damit wir Konsumenten uns entsprechend entscheiden können.

- Externe Kosten einpreisen, also etwa solche für $CO_2$-Ausstoß, Wasserverschmutzung oder für die Sozial- und Gesundheitskassen.

- Die Einführung von Bonus-Malus-Systemen: Wer besser als die Vorgaben ist, bekommt Geld von denen, die schlechter in ihrer Umwelt- und Sozialbilanz sind. Obsolenz wäre obsolet. Sparen würde sich lohnen.

- Natürlich muss das Verursacherprinzip auch für Umweltverschmutzung, Naturschäden und Lasten des Gemeinwohls gelten: Dieselschummler wären fällig, und zwar kräftig!

- Und als Allererstes müssten umweltschädliche Subventionen gestrichen werden und die dadurch frei werdenden 57 Milliarden Euro sinnvoll in Nachhaltigkeit, Bildung und Forschung investiert werden.

- Umgehender Ausstieg aus der Kohle und dann allen anderen fossilen Brennstoffen.

- Ausbau umweltschonender öffentlicher Verkehrsmittel, statt energieintensiver Flugtaxis.

- Änderung der Land-, Forst- und Fischereiwirtschaft nach Leistungsprinzip für Natur und Gemeinwohl.

- Waffengleichheit für Umweltschmutz und Umweltschutz in allen Ausschüssen, privaten Medien und in der Werbung. Werbefreier öffentlich-rechtlicher Rundfunk, Industrie- und sponsorenfreie Schulen, lebenslange Umweltbildung von der Kita bis zur Gruft.

So ginge der lebenserhaltende Wandel. Per Federstrich machbar, für alle Beteiligten schonend zu gestalten und gesamtgesellschaftlich viel billiger als der momentane Raubbau.

Gehen Sie denn immer fleißig zur Wahl und wählen ökologisch ambitionierte Parteien? Wäre hilfreich, vergleichen Sie ruhig mal die Parteiprogramme! Wir brauchen dringend die großen und schnellen Schritte in die richtige Richtung. Wählen Sie wenigstens die Politiker, die Nachhaltigkeit, Naturschutz und Investitionen in Umweltbildung und Forschung unterstützen? Es gibt sie in allen großen Parteien. Es sind dort vielleicht zu wenige, um sich durchzusetzen, dennoch würden die Umweltflügel natürlich durch gesamtgesellschaftliche Pro-Natur-Strömungen gestärkt.

Ist es nicht selbstverständlich, ökologisch orientierte Parteien oder Politiker zu wählen, wenn man Natur und Umwelt wichtig findet und geschützt haben will? Anscheinend nicht, denn während regelmäßig über 90 Prozent bei Befragungen den Umweltschutzthemen hohe bis höchste Bedeutung beimessen und es Millionen Menschen in Naturschutzverbänden gibt, wählen viele offenbar doch am ehesten kurzfristig für den eigenen Geldbeutel. Oder vermeintliche Sicherheit. Oder das Bewährte. Oder, oder, oder … Das ist ja Ihr gutes Recht. Aber glauben Sie ernsthaft, dass wir so die Biokrise noch halbwegs erfolgreich abwenden werden? Ich nicht. Das sage ich als Mensch mit viel Biokrisen-Erfahrung und aus tiefster Überzeugung.

Tut mir leid, wenn ich hier allzu plump und dreist rüberkommen sollte. Ich bin parteilos und ein lupenreiner Demokrat mit Respekt vor Menschen und politischen Meinungen. Doch in Sachen biologischer Krise hatten die großen Volksparteien und deren Politiker jahrzehntelang ihre Chancen – ohne sie in ausreichendem Maße zu nutzen –, etwa hin zu einer nachhaltigen Landwirtschaft. So gut wie nichts in Sachen Natur und Artenvielfalt ist besser geworden in den letzten Dekaden, fast alles wurde viel schlechter, und dieser Trend in Richtung Ökokollaps ist ungebrochen! $CO_2$ rauf, Arten runter. Trotz ange-

fangener Energiewende, es reicht bei Weitem nicht. Das sind
Fakten, sie sind etwa auf den Webseiten des Bundesamts für
Naturschutz und des Umweltbundesamts öffentlich einsehbar.
Der Rest ist Schönfärberei und Wunschdenken.

GroKo steht wohl für »weiter so« mit ein paar Umweltab-
sichtserklärungen, doch ich befürchte, das reicht nicht annäh-
rend. Massive Änderungen tun not, davor jedoch schreckt die
aktuelle Regierung zurück. Zusammen mit den Grünen wäre
etwas gegangen in Sachen mutiger Kohleausstieg, Landwirt-
schaftsreform, Elektromobilität. Die FDP unter Lindner wurde
nicht nur aus meiner Sicht zum Sargnagel für bereits konkret
besprochene jamaikanisch-ökologische Verbesserungen und
somit wohl der Tod vieler weiterer Arten und Hoffnungen auf
Forschung, Bildung und Einsicht.

Ein fataler Fehler, wenn man am Wohl der Republik und der
Welt interessiert ist. Ein rabenschwarzer Tag für die Natur, die
immer schneller stirbt.

Ob es Grüne und die wenig bekannte, aber in Sachen Nachhaltigkeit sehr entschlossene ÖDP in Regierungsverantwor-
tung wirklich besser machen würden? Eine Chance verdienen
sie, finde ich! Ob sie die Republik an die Wand fahren, wenn sie
auf Nachhaltigkeit und Ressourcenschonung, Innovation und
Umweltbildung setzen? Wohl kaum, denn genau auf diese Faktoren wird es in einer sich nicht nur klimatisch aufheizenden
Welt ankommen!

Soll es denn wirklich nur noch um Umwelt- und Artenschutz
gehen? Nein, natürlich nicht. Ökologie und Soziales, Mensch
und Natur gehören zusammen. Das eine ohne das andere funktioniert nicht.

Also sehen Sie es so: Naturschutz ist nicht alles, aber ohne
Naturschutz wird alles nichts.

## Unsere Macht als KonsumentInnen

Auch als Einzelne können wir die Welt ändern, von der Basis
her, bottom-up. Durch unsere Entscheidungen, jede einzelne.
Die Abstimmung an der Kasse ist in unserer geldorientierten
Welt das wohl schärfste Schwert für eine bessere Welt. Denn
wir alle haben jeden Tag vielfach die Wahl, wem wir unser
Geld anvertrauen. Den Guten, den Bösen oder den ganz Hässlichen?

Ob es diese Unterscheidung gibt? Na klar, wenn auch noch
nicht immer offensichtlich. Wie man sie unterscheidet?

- Bio ist gut! Das EU-Biosiegel für Lebensmittel garantiert
  Produktion ohne Kunstdünger und synthetische Spritzmittel – und das ist schon mal viel wert. Noch besser sind
  die freiwilligen, noch höheren Standards mancher Zer-
  tifizierer, etwa Naturland oder Bioland, mit Demeter-
  Qualität mit Abstand an der Spitze. Zusätzlich zum Bio-
  standard sollte man auf regional und saisonal achten, auf
  Tierwohl – und bei exotischen Produkten auf Fair Trade,
  denn Faires schmeckt besser!

- Bei Holz ist es das FSC-Siegel, bei Fischen das MSC-Sie-
  gel. Doch kaufen Sie besser weder Tropenholz noch Fische, die größer sind als Heringe und Sardinen. Fundier-
  te Informationen finden Sie etwa auf www.greenpeace.de.

- Bei Elektrogeräten sind es Verbrauchswerte, bei Kleidung
  sind es Öko-Siegel und Hinweise auf nachhaltige und so-
  zialverträgliche Herstellung. Etwas Übersicht über Fir-
  menphilosophien und ihre Umsetzung in die Praxis finden Sie etwa auf www.utopia.de.

Ob sich die höheren Preise lohnen? Ja, für Sie, Ihre Gesundheit und Ihr Gewissen. Und für diejenigen, die von ihrer Arbeit leben können sollen, ohne dabei den Planeten zu opfern.

## Unsere Macht als InvestorInnen

Investieren Sie in ökologisch und sozial korrekte Firmen, Produkte und Organisationen!

Reden wir noch etwas weiter über Geld, denn Geld bedeutet Vermögen, und das wiederum befähigt uns, etwas in unserem Sinne zu unternehmen, Dinge zu verändern. Superreiche könnten die globale Bioinventur der Tierarten finanzieren. Einfach so. Reiche könnten einen ordentlichen Batzen Geld meiner gemeinnützigen Forschungsfirma in Gründung spenden, und ich fange schon mal mit der Bioinventur an. Auch Normalmenschen könnten, wie ich es wirklich tue, freiwillig etwa fünf Prozent ihrer Einnahmen für ökosoziale Zwecke spenden, für ein paar Hundert Euro im Jahr sämtliches $CO_2$ kompensieren oder wenigstens das $CO_2$ für Flug- und Autoreisen. Geht sehr einfach, etwa bei www.atmosfair.de oder www.myclimate.de. Oder reicht es bei Ihnen sogar für den Zehnten?

Sie haben wenig Geld? Und für so was schon gar nicht? Dann bitte aufgemerkt: Niemand Geringerer als Mr President Donald Trump himself verrät uns den Trick für unendlichen Reichtum und Macht: Wer hat wohl den größten … Egoismus, Tower, nuklearen Fuhrpark? Nein, es geht um Hebel. Der Hebel unterscheide laut Trump den Höhlenmenschen vom Menschenaffen. Der Hebel sei auch der Unterschied zwischen kleinen Häuslebauern und großartigen Immobilieninvestoren. Der Hebel, und das ist jetzt nicht mehr von Trump, gegen ruchlose Geschäftemacher und Umweltschädlinge ist ebenfalls das Geld! Und zwar das, das beim Investieren genauso wie beim alltäglichen Kon-

sum den Üblen entzogen und den Guten gegeben wird. Ob viel
oder wenig: Jeder Euro zählt, denken Sie an den Hebel!

Viele haben ein Konto, irgendwelche Ersparnisse oder die
Altersvorsorge. Das Geld liegt auf einer Bank, ist in Fonds ange-
legt oder etwa bei Lebensversicherungen. Nehmen Sie sich bitte
die Zeit, und sprechen Sie mit Ihren Geldberatern über Nachhaltigkeit! Investieren Sie in Ökofonds oder ethisch korrekte
Produkte, und entziehen Sie umwelt- und sozialschädlichen
Firmen und notfalls auch unkooperativen Banken Ihr Geld.
Divestieren nennt man das. Nur ein Thema für Ökofreaks? Von
wegen: Als erstes Land zieht sich Irland nun aus der Finanzie-
rung von fossilen Energien zurück.

Da die industrielle Landwirtschaft Artenkiller Nummer eins
ist, ist jeder zusätzliche Biokauf ein Segen für die Artenvielfalt, quasi eine Investition in eine lebenswerte Zukunft. Und,
wie alle anderen Industrien auch, beobachtet die Lebensmittel-
branche das Kaufverhalten ganz genau und stellt sich auf mehr
Nachfrage gern mit mehr Angebot ein. Mit höherem Umsatz
werden die Preise günstiger, Sie leisten sich öfter Bio, die Preise
nähern sich den konventionellen Produkten, die keiner mehr
haben will. Der Geld-Hebel hätte gewirkt. Mit nicht mal acht
Prozent Marktanteil bei Bio, bei Biofleisch noch viel weniger,
sind wir leider noch mehrheitlich keine Höhlenmenschen, sondern Menschenaffen. Und die sterben bald aus, das weiß doch
jeder.

Auch mit wenig Geld können viele vieles bewirken! Bestrafen Sie also Täuschung und Lügenfirmen konsequent, belohnen
Sie Nachhaltigkeit und Wiedergutmachung von Umweltschä-
den. Und vielleicht könnten Sie ohne große Einschränkung
noch bewusster leben? Reduzieren Sie Ihren Konsum, indem Sie
Überflüssiges weglassen, verwenden oder verschenken Sie alles,
was noch gut ist, und recyclen Sie das, was nicht mehr taugt.

## Die Macht im Alltag

Verändern können Sie zuallererst sich selbst. Ob Sie nun umwelt-bewusst und bescheiden leben oder einen ökologischen Fußab-druck so groß wie ein Yeti haben: Machen Sie sich die Mühe, und gehen Sie einen der Online-Rechner durch. Wer es genau wissen will, dem sei der Rechner beim Umweltbundesamt empfohlen. Am besten jetzt gleich: www.uba.co2-rechner.de.

Sehen Sie, was ich meine? Es gibt so viel, was Sie noch tun können.

»Reduce, reuse, recycle« heißt die Zauberformel, also Redu-zieren, Wiederverwenden, Recyclen. Ich habe meinen damals zugegeben recht großen Fußabdruck mehr als halbiert. Haupt-sächlich, indem ich auf Flugreisen weitgehend verzichte und sie nun kompensiere, auf Ökostrom und Ökogas umstellte, Vege-tarier wurde und keine großen Konsumansprüche habe. Das restliche Familien-$CO_2$ kompensiere ich und finanziere nach Möglichkeit Wiederbewaldungsprojekte. Sie finden sehr viele Anregungen und Tipps im Buch »Biodiversitot« (www.biodiver-sitot.de). Ohne großen Aufwand, ohne großen Kosten vermei-den Sie einige Tonnen $CO_2$ pro Jahr. Im Gegenteil, durch viele ökologisch sinnvolle Maßnahmen sparen Sie zudem viel Geld!

**Ich bin übrigens überzeugt, dass man nicht mit Fingern auf andere zeigen, sondern erst mal vor der eigenen Haustür kehren sollte. Dass bitterer Verzicht wenig bringt, aber sinnvolle Gewohnheitsänderungen sogar Spaß machen können, Erfolgserlebnisse auslösen, Menschen wachsen lassen. Dass jeder verschieden ist, und dass ein kleiner Fortschritt sofort besser ist als ein größerer irgendwann. Meinen Studenten sage ich immer: Fangt da an, wo es euch am leichtesten fällt, aber macht es sofort.**

Wie schon Erich Kästner sagte:

> »Es gibt nichts Gutes, außer man tut es.«

### Die Macht unseres Engagements

Ob beim Volksbegehren Artenvielfalt, in Vereinen oder im Gespräch: Engagieren Sie sich für die Natur! Seien Sie ein Vorbild! Nichts wirkt so ansteckend wie echte Begeisterung!

Vielleicht haben Sie ja Zeit und Lust, noch etwas konkreter bei der Weltrettung mitzuwirken? Dann könnten Sie bei den Naturvereinen, den Umweltschutzverbänden oder Parteien mitmachen. Beteiligen Sie sich an Online-Petitionen, auch wenn das manchmal lästig ist, gehen Sie zu relevanten Veranstaltungen, bilden Sie sich online auf den Webseiten von Greenpeace, WWF, NABU, LBV, Rettet den Regenwald, der Umwelthilfe und dem Umweltinstitut, und stöbern Sie im umfangreichen Infomaterial auf den Webseiten von Umweltbundesamt, dem Bundesamt für Naturschutz und den Landesämtern für Naturschutz. Auch in Ihrer Wohnumgebung können Sie bei vielen sinnvollen Aktionen mitmachen, von der Biotoppflege bis hin zu Kampagnen, von der Arbeit in Ausschüssen oder sozialen Netzwerken bis zum Urban Gardening auf dem Fensterbrett.

Und jetzt? Müssen Sie das alles machen? Die Welt sofort im Alleingang retten? Nur noch alles ganz ernst nehmen? Sollen Sie ökologisch korrekt verhärmen, perfektionistisch verbiestern oder sich ängstlich in Ihr Schneckenhäuschen zurückziehen? Den Rest Ihres Daseins asketisch auf einem Berggipfel sitzen, sich grämen ob der eigenen Unvollkommenheit und der Bosheit der Menschen? Natürlich nicht! Handle jeder nach eigenem

Gusto, nach eigenen Möglichkeiten, und freue sich an eigenen Fortschritten. Dann wird das auch was.

Leider machen sich ja vor allem die, die sowieso schon sehr umweltverträglich leben, die allermeisten Gedanken und Vorwürfe. Tun Sie das nicht, entspannen Sie sich, dann haben Sie, die anderen und die Umwelt mehr davon! Wer fundamentalistisch oder allzu missionarisch sein will, bitte schön. Mein Ding ist das nicht. Ich finde, man kann sich peu a peu ändern, durchaus mal sündigen, wenn man das Ziel beibehält: es geht ums große Ganze, die Richtung, den guten Willen. Es wird auch Misserfolge und Rückschritte geben, ja und? Das gehört dazu. Das Leben ist ein Lernprozess. Das gute Leben macht Spaß und Sinn.

## Reicht das?

Das ist die Frage. Als erstes könnten Sie ja mal für sich selbst beantworten, ob und was Sie alles anpacken wollen, wie Ihr Beitrag zur Weltrettung aussehen könnte. Nun zu den anderen: Reichen Vernunft, Argumente und Stimmen für politische Maßnahmen? Reichen bewusstes Kaufverhalten und Investitionen in Nachhaltigkeit? Reichen einige oder auch viele Leute mit hehren Zielen und guten Ergebnissen? Ginge das alles schnell genug, für eine gute Zukunft in einer vielfältigen Natur? Im internationalen Zusammenspiel immer mehr Gleichgesinnter? Ja, ich denke schon.

Oder finden sich doch wieder zu viele Schlupflöcher, zu viele Nutznießer, zu viele Profiteure? Werden sich die Interessen von Industrie und Naturzerstörern wieder mal gegen die Vernunft durchsetzen? Vermutlich. Dann geben wir also hier auf? Und dann?

Die Datenlage ist eindeutig, ein schneller Wandel zur Nachhaltigkeit muss her! Doch wie kommen wir bei aller Vernunft

gegen Emotionen an? Gegen Interessen der Reichen und Mächtigen, gegen die Gewohnheiten und Sicherheitsbedürfnisse der
Menschen, gegen die Beharrungskräfte und zu erwartende Pro-
paganda?

Bauch schlägt Kopf, fast immer. Lust, Gier, Neid, Angst, das
alles sind viel stärkere Triebfedern als guter Rat in einer wichtigen Sache. Warum haben so viele Menschen Angst vor Terrorismus, wobei der Weg über die nächste Ampel viel gefährlicher
ist? Warum glauben wir, dass uns ein paar Tausend Flüchtlinge
mehr schaden oder kosten können, als die selbst gemachte Zerstörung unserer Böden und Wälder? Warum lassen wir uns
einreden, dass es gegen alle Daten, Warnungen und Beschwö-
rungen Zehntausender Experten ein »Weiter so« unserer selbst-
zerstörerischen Lebensweise geben kann? Weil …

Nein, es gibt keinen Grund, außer dass wir all das so glauben wollen! Um uns nicht ändern zu müssen, um keine Risiken
eingehen zu müssen, um nichts zu verlieren. Weil wir gern mit
dem Strom schwimmen, auch wenn vor uns schon der Wasser-
fall tost. Ist das nicht ironisch?

## Die Macht der Emotionen

Warum glauben wir, die Rente in 30 Jahren sei sicher, künstliche
Intelligenz wäre unser Hauptproblem und wir hätten quasi ein
Recht auf SUVs und tägliches Riesenschnitzel? Warum glauben
so viele den Quatsch von Erfüllungskonsum eingequetscht in
der Alltagshektik, von Schein statt Sein, von umweltfreundli-
chen Turbodieseln, von Massentierwohl und Flüchtlingstouris-
ten, die fröhlich übers Mittelmeer paddeln? Warum glauben wir
immer noch den rücksichtslosen Geschäftemachern, Verkäu-
fern, Manipulatoren, Werbern, PR-Leuten, Advokaten, Lobby-
isten und an deren Tropf hängenden Politikern? Weil …

Es gibt keinen vernünftigen Grund. Außer dass uns clevere und in diesen Dingen bestens trainierte Leute das sagen, was wir hören und glauben wollen, um idealerweise beiderseits zu profitieren. Zumindest kurzfristig.

Aber warum richten solche Menschen, Institutionen, Regierungen damit die Welt samt sich und uns zugrunde? Weil …

… »sie es können«, sagt schon mein zwölfjähriger Sohn bei solchen Gelegenheiten. Weil sie entweder keine Menschenfreunde sind oder keine Ahnung haben oder selbst glauben wollen, dass alles schon irgendwie okay ist oder okay gehen wird, zumindest für sie selbst. Es sind Profis, und sie machen ihren Job. Ich respektiere das, doch hilfreich ist es nicht.

So versorgt uns eine ganze Multimilliardenindustrie mit Millionen gut bezahlten Meinungsmachern mit Zweifeln an guten Gründen, mit ablenkender Angstmacherei und mit guten Konsum- und Status-Emotionen – wider jeglichen gesunden Menschenverstand. Und allzu viele Meinungsempfänger ignorieren, verdrängen oder verdrehen zur Not alles, was gut und richtig ist, für das eigene Selbstbild, für den eigenen Profit und das eigene Gewissen. So einfach ist das.

Auch wenn das jetzt arg trivial klingt, ist es doch eine Erfahrung, die mich immer wieder überrascht: Im persönlichen Gespräch erweisen sich die allermeisten Menschen weder als schlecht noch als unwillig, sie haben einfach noch keine Ahnung von Ausmaß, Zeitplan und Konsequenzen der biologischen Krise! Das muss sich ändern.

## Unsere Chance: starke Symbole

Wechseln wir also die Perspektive, sehen wir die erdrückenden Probleme als würdige Herausforderungen, als historische Chance: Wie haben Menschen wie Mahatma Gandhi oder Nelson Mandela die Welt zum Besseren verändert? Durch Revolutionen, Haltung, persönliche Opfer ... durch starke Symbole.

Blutige Revolutionen kommen noch früh genug, wenn wir die Natur gegen die Wand fahren. Haltung stünde uns allen nicht schlecht, sie muss aber erst einmal allgemein bemerkt werden. Ein paar Promis im Namen der Ökologie gibt es ja, mit Al Gore, Leonardo DiCaprio und James Cameron. Und wie beweist man, dass die Haltung echt ist? Durch persönliche Opfer. Da reichen die bisherigen Promis offensichtlich nicht. Wir brauchen viel mehr öffentliche Unterstützer aus Politik, Wirtschaft, Unterhaltung, auch aus Forschung und Wissenschaft, möglichst bekannt, authentisch und glaubwürdig. NaturforscherInnen ins Kanzleramt? Moment, das gibt es ja schon, und doch ändert sich viel zu wenig. Also mehr davon? Oder anders: Sperren wir für das große Publikum fürderhin WissenschaftlerInnen ins Dschungelcamp? Oder sollen sich Ökologen und Naturfreunde Mandela-gleich im Nachmittagsprogramm der Privatsender für die gute Sache foltern lassen? Ob das was bringen würde?

Also starke Symbole: Hier kommt die Forschung ins Spiel. Was gäbe es forscherisch Größeres und Sinnvolleres, als eine Inventur des gesamten Lebens auf der Erde? Solange es die unglaubliche, weitgehend unbekannte Vielfalt des Lebens noch gibt. Was gäbe es Edleres, als eine gemeinsame, globale Bestandsaufnahme? ForscherInnen aus aller Welt gemeinsam für ein großes Ziel! Was gäbe es Spannenderes, als Millionen unbekannter Arten zu entdecken, in ihren Eigenheiten und Fähigkeiten kennenzulernen?

Vermutlich gäbe es für die Menschheit auch kaum Lohnenderes, als sich die ein oder andere pharmazeutisch wirksame Substanz aus dem Reich der Natur zunutze zu machen. Und vermutlich könnte eine globale Bioinventur wie keine andere Aktion zum Schutz der Natur in der Öffentlichkeit sichtbar gemacht werden. Millionen neuer, skurriler, faszinierender Arten! Jeden Tag mehrere, immer andere, immer neue. Eine Welle, die durch die Medien schwappt, für die nächsten Jahrzehnte, und dabei immer größer wird – und wichtiger.

## Die globale Bioinventur

Ein echtes Abenteuer der Menschheit. Etwas Gutes und Großes, zum Nutzen der Welt! Das, liebe Leserinnen und Leser, wäre mein Traum, mein Angebot zum Retten der Welt. Meine Forscherfreundin Vreni Häussermann und ich haben in unserem Buch »Biodiversitot« recht ausführlich beschrieben, warum Arten, genau wie wir Menschen, Namen und Gesichter und Geschichten brauchen, um zu existieren. Um in ihren Besonderheiten, Möglichkeiten und auch Nöten beachtet zu werden. Nicht sang- und klanglos aussterben zu müssen. Geben wir ihnen diese Chance!

Die weltweite Inventur und wissenschaftliche Beschreibung von etwa fünf Millionen neuer Tierarten würde über 50 Jahre verteilt nur 20 Milliarden Euro kosten. Nur gut ein Jahresgewinn von VW! Weniger als die bisher verhängten Geldstrafen gegen VW! Nichts als eine global betrachtet klitzekleine Wiedergutmachung auch für die Natur...

Was für eine historische Chance: Die globale Erfassung aller Tierarten! Für nur 400 Millionen Euro pro Jahr, weltweit. Ein Nichts! Jede Strafe im Dieselskandal, jede Ablasszahlung betrügerischer Großbanken, jeder Strafzoll kostet jährlich mehr. Und bringt wohl weniger.

Was für eine Chance für Firmen, Institutionen, Regierungen, auch für Vermögende, sich als Erfasser der globalen Tierwelt zu profilieren, als Sponsoren einer einzigartigen, bahnbrechenden und vielleicht weltrettenden Mission zu verewigen!

Eine Menge Menschen sehen das auch so: Gucken Sie doch mal auf www.change.org/artensterben, und unterstützen Sie uns bitte nach Kräften! Werden Sie Teil einer internationalen Bewegung zur Erforschung und Rettung der Artenvielfalt!

Welche KollegInnen, FreundInnen und Bekannte denken und handeln so? Unterstützen Sie sie! Ändern Sie sich auch! Sie schaffen viel mehr, als Sie glauben, wenn Sie sich klarmachen, was auf dem Spiel steht.

Was steht denn auf dem Spiel? Alles, was Ihnen und mir lieb und teuer ist, und zwar viel eher, als Sie glauben möchten. Ist Ihnen nicht anschaulich genug? Wagen wir doch einmal einen Ausblick auf dieses Jahrhundert.

# CHRONIKEN DES 21. JAHRHUNDERTS

Dieses Szenario ist frei erfunden und beruht lose auf einem »Weiter so« in der globalen Umwelt- und Klimapolitik. Wer sich leicht ängstigt und sowieso schon von der Notwendigkeit konsequenten Naturschutzes überzeugt ist, sollte sich das hier nicht antun.

Alle anderen aber schon: Denken Sie nach, ob Ihr Lebensstil, Ihre Ansprüche, Ihre Hoffnungen zukunftstauglich sind! Erkennen Sie, dass etwas gegen das große Sterben getan werden muss! Und tun Sie es!

## Der Worst Case

### 2018

Deutschland im frühen 21. Jahrhundert ist ein Paradies auf Erden. Nicht für jeden Einzelnen zu jeder Zeit, aber doch im historischen Vergleich eine Ära des Wohlstandes, der Sicherheit und der freien Entscheidungsmöglichkeiten. Man hat es mehr oder weniger gut geschafft, etwa zwei Millionen Migranten aufzunehmen, und die Republik steht noch. Anstatt sich über so viel gelungene Menschlichkeit zu freuen, werden ein Schock über angebliche Überfremdung herbeigeredet und persönliche Abstiegsängste bei vielen

mit Verweis auf böse Migranten geschürt. So manch brave Bür-
ger radikalisieren sich, haben Angst vor bärtigen Terroristen und
wählen fürderhin ultrarechts. Weder Kriminalität noch Terror-
aktivitäten nehmen nachweislich zu, dafür aber die Ungleichheit
bei der arbeitenden und verrenteten Gesellschaft; wer Kapital hat,
dem wird gegeben. Dem anderen halt nicht. Warum auch? Man
wählt weiter fleißig die goldene Mitte. Ein frischer politischer
Wind in Richtung Zukunftsinvestitionen in Forschung, Bildung
und Umwelt wurde mit der Absage an eine Jamaika-Koalition
verspielt. Keine Linderung der Investitionskrise in Sicht? Die
Wirtschaft und Exporte wachsen trotzdem noch eine Weile weiter, VW verzeichnet trotz des Dieselskandals Rekordgewinne,
und die Deutschen kaufen wie die Verrückten alles, was mehr als
200 PS hat, über zwei Tonnen wiegt, möglichst aggressiv designt
ist und aus möglichst vier Rohren raucht. Ein bisschen Spaß muss
sein, man gönnt sich ja sonst nichts, und der Nachbar hat schließlich auch einen … So sieht das auch die Große Koalition: Im
Jahrhundertsommer beschließt sie alle möglichen Ausgaben, für
Häuslebauer und für Renten, nur keine konsequente Umsetzung
der eigenen Klimaziele. Vernunft, nötiger Wandel samt Zukunftsinvestitionen und gegebene Versprechen haben keine Priorität. Dabei ist Artenschutz seit Sommer 2017 ein Thema in den
Medien. Umweltschutz landet ganz vorn bei Umfragen, doch der
Bioanteil bei Lebensmitteln beträgt nur acht Prozent, bei Fleisch
sogar nur zwei. Angeblich können 85 Prozent der Deutschen den
Begriff »Biodiversität« nicht erklären. Wie soll man da die tiefere
Bedeutung von »Biodiversitot«, des nicht mehr zu ignorieren-
den, krassen und globalen Sterbens der Lebensvielfalt verstehen?
Und so zwiespältig fällt die Bilanz dann auch aus: »Umwelt- und
Artenschutz, ja, klar! Dafür zahlen wir doch Steuern. Wie, wir
sollen zusätzlich dafür was tun? Oder gar zahlen? Nee, das sollen
mal schön die Ökos machen, dafür gibt es sie doch.«

Die USA unter Präsident Trump ziehen sich als bisher erste
Partei aus dem Pariser Klimaschutzabkommen zurück, fördern
Fracking von Erdgas aus Schiefergestein und setzen auf einhei-
mische Kohle- und Stahlindustrie.

Kollege Putin dagegen verkauft weiter ungeheure Mengen
Erdgas an die EU und freut sich vielleicht im Stillen auf das
Abtauen von Sibirien: Unglaublich riesige Flächen stünden dann
für Landwirtschaft, zur Förderung von Rohstoffen und für andere
profitable Dinge zur Verfügung. Sibirische Tiger sollte man jagen,
solange es sie noch gibt, nicht wahr? Wenn der Permafrost erst
mal fröhlich zu blubbern beginnt, dann hört er nicht mehr auf –
und dann sprudeln in der Arktis fürderhin fossile Brennstoffe in
Hülle und Fülle! Reichtum ohne Grenzen! Da wäre man doch
verrückt, würde man solche Standortvorteile nicht ausnützen.

Ach ja, 2014 bis 2016 fand das mit Abstand heftigste, größte
und längste weltweite Korallenriffsterben der Neuzeit statt. Kein
schöner Anblick. Schon blöd für Korallen, Riffbewohner, Küstenschutz. Ob das an der Erwärmung der Meere liegt? Na klar,
an was denn sonst? Ob das jetzt öfters kommt? Kein Forscher
bezweifelt das.

## 2020

Die Klima- und Umweltschutzziele der EU werden verfehlt.
Rekordtemperaturen, Dürrephasen, Brände überall. »Chancen des
Wandels nutzen!«, heißt die kürzlich lancierte milliardenschwere
PR-Kampagne von Regierung und Industrie, sie zeigt lächelnde
Weinbauern vor einem nordischen Leuchtturm. Forschung an
Arten findet nach wie vor nicht statt, Taxonomen werden immer
seltener. Stattdessen wird kräftig in noch mehr Bürokratie inves-
tiert, um die vom Artensterben aufgeschreckten BürgerInnen zu
beruhigen. Die Industrienationen sichern sich immer offensi-

ver Ressourcen in aller Welt. Die internationalen Konventionen
existieren nur noch auf dem Papier. Die Zeiten des geordneten
Multilateralismus sind tatsächlich vorbei. Wer zahlt, schafft an.
Gewildert wird nun überall, legal geplündert auch; einige Staaten leben faktisch bereits vom Verkauf geschützter Pflanzen und
Tiere. Die letzten produktiven Fischereigründe im Indopazifik
werden meistbietend verschachert, den Einheimischen bleibt so
gut wie nichts. Wer kann, verdient am Tourismus, der weiter massiv zunimmt. Der $CO_2$-Ausstoß durch Flugreisen natürlich auch.

## 2025

Immer noch GroKo, zusammen mit wechselnden kleinen Parteien. Man mag kaum glauben, wie sehr wir Deutschen am
»Bewährten« festhalten. Doch die guten Zeiten sind erst mal
vorbei, Wirtschaft und Konsum stagnieren, die Arbeitslosigkeit
steigt, alte Ängste vor sozialem Abstieg, künstlicher Intelligenz,
Migranten, Terror werden wahr. Die Babyboomer gehen in
Rente, und alle anderen machen sich mächtig Sorgen, ob ihre
Rente sicher sein wird. Die $CO_2$-Fieberkurve sieht nicht gut
aus! Wieder notieren Deutschland und die Welt neue Hitzere-
korde mit den heftigsten Waldbränden der Geschichte: deutsche Nadelwälder, riesige Wälder in Südeuropa, die Taiga von
Norwegen bis nach Neufundland, tropische Wälder rund um
den Globus, ein riesiges Flammenmeer über Monate. Extreme
Verluste an Menschenleben, enorme Schäden an Sachwerten
und Infrastruktur. Milliarden Tonnen zusätzliche Treibhausgase. Doch die Rußschwaden, die um den ganzen Planeten ziehen, würden die Erwärmung bremsen, so heißt es. Schon weil
der Flugverkehr weitgehend zum Erliegen kam. In Deutschland
gibt es eine Sommerdürre, die die Rekordtrockenheit von 2003
und 2018 bei Weitem übertrifft. Fast 70 Prozent Ernteausfall in

der Landwirtschaft, trotz zunehmender Bewässerung; Wasser für Privathaushalte wird erstmals radikal rationiert. In Südeuropa sieht es weit schlimmer aus, Zehntausende Menschen verdursten, Hunderttausende sterben an der Hitze, es gibt Hungersnöte. Die globalen Preise für Feldfrüchte gehen durch die Decke, Massentierhaltung wird unrentabel, statt pflanzlicher Ernährung wird propagiert: »Patrioten essen Fleisch.« Hart für Drittweltländer: Die weltweite Hungerquote steigt erstmals seit Jahrzehnten wieder drastisch an. Die Sahara dehnt sich noch schneller aus als erwartet. 100 Millionen Afrikaner versuchen zu fliehen, viele sterben schon auf dem Weg zum Mittelmeer. Die EU reagiert mit Hilfslieferungen und sperrt ihre Grenzen mit Soldaten. Manche schießen, andere nicht. Im Mittelmeer ertrinken Hunderttausende, vielleicht Millionen, genaue Zahlen gibt es nicht, und niemand will die schrecklichen Bilder mehr sehen. Man konzentriert sich lieber auf das private Glück und grillt bei über 30 °C bis Mitternacht, was zu ständig neuen Bränden führt. Immer mehr Menschen in den Industrieländern lassen sich ihre Wohnungen klimatisieren, manche Stromnetze kollabieren, alte Kohlemeiler werden zugeschaltet, immer mehr Grönlandeis schmilzt. Die ersten großen Atolle müssen nach heftigen Stürmen evakuiert werden, es bleibt einfach kein bewohnbares Land übrig. Die Korallenriffe bleichen inzwischen regelmäßig, viele erholen sich nicht mehr und erodieren. Auf den Malediven ertrinken, von Flutwellen überrascht, Tausende von Einheimischen und Touristen. Etliche Küstenstädte in der Karibik, in den Philippinen, Malaysia und Indonesien traf die ungezähmte Wucht der Wellen schon früher, Touristen meiden die Gebiete. Brasilien erklärt den Notstand, als der erste gewaltige Hurrikan in der Geschichte des Landes auf die völlig unvorbereitete Küste trifft. Im Nordosten werden mehrere Millionenstädte verwüstet, die Hochhäuser an den sandigen Küsten neigen sich bedenklich,

Favelas mit vielen Millionen Menschen werden weggespült. Die meterhohen Flutwellen erreichen Rio und Santos, zerstören die wichtigsten Häfen des Landes. Die Wirtschaft kollabiert. Die weltweiten Märkte reagieren mit Verlusten im Billionenbereich. Internationale Konzerne erhöhen Werbeetats und Boni. KanzlerInnen in aller Welt verkünden: »Keine Panik, uns hier kann nichts passieren, dafür garantiere ich.«

## 2028

Die meisten weltweiten Riffe sind nun tot. Am Amazonas, im Kongobecken und in Südostasien sterben riesige Tropenwaldflächen; Dürren, Brände und giftige Rauchgase taten ihr Werk. Fernreisen gibt es nicht mehr, freie Presse auch nicht. Die Weltordnung wankt. Statt »schwacher Demokratien« sprießen starke Diktaturen, oftmals vom Volk gewählt. Statt liberalen Handelns herrscht allgegenwärtiger Protektionismus. Wer gerade mit wem Krieg führt, interessiert niemanden mehr. Eigene Probleme sind zu dominant: Die Weltwirtschaft ist im freien Fall, im dritten Jahr in Folge, Gegenmaßnahmen der Notenbanken greifen nicht. Inzwischen zweifeln selbst Optimisten. Russland hat die Gaslieferungen in das »dekadente« Europa eingestellt, die Chinesen zahlen mehr. Öl gibt es fast nur noch aus Norwegen, denn die arabischen Länder versinken im Chaos. Aus Spargründen gab es Fahrverbote an bestimmten Wochentagen, jedes Jahr kommen ein bis zwei Tage dazu. Strom ist nur noch tagsüber und an windigen Tagen bezahlbar. Fossile Energien werden drakonisch besteuert, was natürlich auch Konsumgüter extrem verteuert. Plastikwaren sind nun Luxusgüter. Plastikmüll wird aus den Deponien ausgegraben und aus den Ozeanen gefischt, Fische gibt es kaum mehr und gelten als zu sehr belastet, was den Hungernden egal sein muss. Reiche igeln sich zunehmend ein und verteidigen ihr Hab und Gut mithilfe privater Wacharmeen. Normalverdiener gibt es nicht mehr, und Renten werden inflationsbereinigt um zehn Prozent gekürzt – pro Jahr. Überfälle häufen sich. Wer noch kann, organisiert sich in Bürgerwehren. Recht und Ordnung weicht der Willkür und Gewalt. Wer hat, hat, und wer kann, kann, so heißt es. Die Ultrarechten triumphieren, sie hätten es ja immer schon so kommen sehen, und natürlich wären die Migranten schuld. Den Klimawandel streiten sie weiterhin ab.

## 2030

Die UN-Ziele für nachhaltige Entwicklung werden sämtlich verfehlt, aber das war seit 2020 schon klar. Flugs wurden noch utopischere Ziele für 2050 formuliert. Die UNO tagte in Shanghai, seit sie ein US-Präsident nach dem Austritt der USA aus New York hinausgeworfen hatte; die UNO sei »ein schlechter Witz mit Hunderten hässlicher alter Idioten, die die USA nun nicht mehr länger durchfüttern wolle«. Zum Glück, denn Hurrikan »Gaia« spülte die alte UNO-Zentrale 2029 zusammen mit einem Großteil Manhattans ins Meer. Die bereits 2018 für das Jahr 2030 vorhergesagten 200 Millionen Klima-Flüchtlinge haben sich vervielfacht. Fast alle der nur noch sechs Milliarden Menschen befinden sich auf der Flucht! Mit unklarem Ziel. Reiche Länder, Provinzen, Bezirke hatten sich längst militärisch abgeschottet, alle offiziellen Grenzen, die es noch gibt, sind dicht. Hunger, Elend, Chaos, Panik, Not, Seuchen überall! Trinkwasser ist Mangelware, um das gekämpft wird. Vielerorts ist die Infrastruktur zusammengebrochen. Wasser und Nahrung gibt es fast nur noch auf dem Land; man isst Insekten, Würmer, Schnecken, Graswurzeln und Blätter, dort, wo die Böden und Wälder noch nicht abgestorben sind. Medikamente werden mit Gold aufgewogen, Strom gibt es nur noch aus privaten Quellen; mancherorts

funktioniert die nachbarschaftliche Hilfe, andernorts nicht. Die
Städte werden von Mafia und bewaffneten Banden beherrscht,
jeder ist sich selbst der Nächste. Menschlichkeit und Kultur zerfallen. Tornados in Mitteleuropa, normal. Riesige Hurrikane auf
der Südhalbkugel gab es nun schon mehrere, immer mit verhee-
renden Schäden. Nicht nur an den Küsten, sondern bis weit ins
Landesinnere: Sintflutartige Regenfälle verwandeln ausgedörrte
Regionen über Nacht in Schlammwüsten. Die einst so präch-
tigen Riffe im Indischen Ozean sind weitgehend zerfallen, die
Malediven gibt es nicht mehr. Im Pazifik gehen Tausende von
Inseln an die Fluten verloren, pro Jahr! Doch das interessiert
niemanden mehr. Überall frisst sich das Meer ins Land: Schon
seit 2027 prophezeien die meisten Klimamodelle, dass das Grönlandeis komplett abschmelzen und der Meeresspiegel binnen
einiger Jahrzehnte um weitere sechs Meter steigen wird. Zusätzlich zu den berechneten zwei bis vier Metern. Langfristig ist von
über 60 Metern die Rede, globale Flutkatastrophen ungeheuren
Ausmaßes sind unvermeidlich. »Hätten wir nur rechtzeitig was
dagegen getan«, sagen nun viele. Der Golfstrom fließt fast nicht
mehr, es gibt viel zu viel Schmelzwasser im Nordatlantik. Die
Winter in Nordeuropa werden wieder kälter, Brennholz wird
knapp, wer kann, heizt mit Torf. Um die Artenvielfalt kümmert
sich niemand mehr. Jeder weiß: Es geht ums nackte Überleben.

## 2031

Überimperator XY annektiert Kanada und beansprucht die
gesamte Arktis nördlich des 70. Breitengrades. Dort in der Kühle
liege die großartige Zukunft Amerikas, und die wolle man sich
nicht länger von pazifistischen Schwächlingen vorenthalten lassen.
Russland droht mit einem Atomkrieg und erweitert sich prompt
nach Süden. China annektiert die Mongolei und beansprucht Süd-

ostasien. Japan sucht sein Heil in Isolation, und Europa zerfällt in unbedeutende Kleinstaaten; hat sich eh gut gehalten, finde ich. Aber was weiß denn ich: Vielleicht fängt auch ein anderer Irrer an, das Weltgefüge zu zerstören, und alle anderen Mächte, die noch etwas auf sich halten, reagieren dann. Und vielleicht passiert das auch schon viel früher, sobald klar ist, wohin der Hase läuft. Eine Weile herrscht noch das Recht des Stärkeren. Ohne Rücksicht auf Verluste. Aber mal ehrlich, wann gab es das zuletzt?

## 2050

Der Planet ist heiß, wild und öde. Riffe, Regenwälder und Menschen sind nahezu ausgelöscht. Wenn es keinen globalen Atomkrieg gab, was unwahrscheinlich ist, werden sie sich irgendwann in hohen Breiten und auf niedrigem Niveau erholen. Ansonsten überleben Mikroben, vielleicht auch Kakerlaken und Ratten. Sie dominieren die nächsten Jahrmillionen, bis sich wieder irgendein allzu selbstbewusstes Viech mit übergroßem Hirn anschickt, die Welt zu seinen Gunsten zu verändern.

## Geht's auch anders? Hier das »2 °C plus Szenario«

Okay, okay, das da oben war ein ungezügeltes »Weiter so«-Szenario mit satirischen Einlagen gegen allzu viel Depression. Vielleicht ist die Menschheit ja doch nicht so blöd und tut was gegen Ressourcenverschwendung, Klimaänderung und Artensterben? Probieren wir es mal mit dem »2 °C plus Ziel« des Pariser Klimaabkommens! Ein historischer Durchbruch in der internationalen Umweltpolitik. Hier dürfen die globalen $CO_2$-Emissionen bis 2030 weiter steigen und müssen dann bis 2050 um 80 Prozent sinken. Wie sieht das Szenario nun aus?

**2030a**

Regenwälder vertrocknen, boreale Nadelwälder fackeln ab, die Meere versauern. Fast alle Korallenriffe weltweit sind tot und erodieren dahin. Fast alle tropischen Küsten sind nun ungeschützt und werden von üblen Sturmfluten heimgesucht. Hunderte Millionen Menschen in den Küstenstädten und Überflutungsgebieten verlieren alles, sterben vor Ort oder ziehen los. Fast alle Nicht-Industrieländer versinken in Chaos und Not. Seuchen, Gewalt und Kriege grassieren. Die globale Wirtschaft kollabiert, Infrastrukturen verfallen, Milliarden von Menschen werden nicht mehr mit Wasser und Nahrung versorgt. Kaum einer von uns Normalmenschen überlebt die Dekade, bis 2050 sind auch unsere Familien mausetot – oder zurückgeworfen in ein finsteres Mittelalter ohne Komfort und Smartphones, aber voller Not und Gewalt. Selbstverständlich sterben auch Millionen von Tierarten aus, doch wen interessiert das noch?

Ja, auch dieses Szenario ist frei erfunden. Doch leider gar nicht so unwahrscheinlich. Die Klimaretter der Pariser Konferenz haben nämlich etwas enorm Wichtiges in ihren Berechnungen und Plänen vergessen: Die biologischen Systeme, das Sterben von Individuen, den Verlust von Biomasse und Arten, die Kapitulation von Lebensräumen, von Ökosystemen und ihren lebenswichtigen Funktionen.

## Und bei einem »1,5 °C plus Ziel« für 2100?

Dann sterben die meisten Riffe etwa bis 2050, einige könnten wohl überleben, sich später sogar erholen oder woanders neu bilden. Der Meeresspiegel würde nicht gar so rasant ansteigen, für viele Küsten dürfte das die Rettung bedeuten. Es werden zwar Tausende Inseln untergehen und weite Küstengebiete erodieren, aber es würden einige Jahre bis Jahrzehnte gewonnen für bauliche Gegenmaßnahmen oder geordneten Rückzug. Möglich wäre das, würde die internationale Gemeinschaft genügend Geld vor Ort und ausreichend hohe Migrantenquoten bereitstellen. Ja, ein Hoffnungsschimmer!

Viele der obigen Schreckensszenarien würden deutlich milder ausfallen: Weniger Ozeanversauerung, weniger Änderungen der Meeresströmungen und des Planktons, weniger heftige Stürme, Dürren, Brände und Überschwemmungen. Weniger schneller Bio- und Klimakollaps, weniger Not, Leid, Migration, Konflikte und Kriege in den kommenden Jahrzehnten. Vielleicht würden wir mit Solidarität und Erfindergeist einigermaßen über die Runden kommen? Die beste Option, die wir haben!

Die drastische Senkung des $CO_2$-Ausstoßes und anderer Klimagase nach dem »1,5 °C plus Ziel« würde uns also mehr Zeit verschaffen. Und die brauchen wir auch, um uns um das existenzielle Artensterben zu kümmern: Wenn wir die Waldrodung nicht sehr bald stoppen, wird es nicht nur nichts mit den plus 1,5 °C, sondern die Tropenwälder kollabieren früher oder später sowieso. Ungeheure Mengen an $CO_2$ würden frei, ungeheure Mengen an Böden erodierten und würden in die Meere geschlämmt, ungeheure Klimaveränderungen setzten ein, regional und global. Das wäre es dann mit der Zukunft von Milliarden von Menschen, uns allen. Wenn wir also nicht bald aufhören, wertvolle Nahrungsmittel verderben zu lassen und zu verschwenden, Soja an Tiere, Fischmehl an Alles- und Fleischfresser und Millionen Tonnen von Nahrungsmitteln an Motoren zu verfüttern, dann kollabieren die bereits landwirtschaftlich genutzten Böden. Dies wird umso schneller zur verhängnisvollen Plünderung der letzten Tropenwälder und Moore führen und somit zum Ende der Menschheit. Wenn wir nicht bald aufhören, die Böden, die Gewässer, die Lebewesen und uns selbst mit Chemikalien zu vergiften, wird das umso schneller

zur Erschöpfung natürlicher Ressourcen führen und damit zum
Kippen der Welt, die wir kennen.

## Jetzt oder nie?

Wir, unsere Zivilisation, hätten eine Chance, wenn wir fossile Energieträger schnellstmöglich schonen, die Rodung der
Wälder stoppen und neue riesige Wälder pflanzen und die
pflanzliche Nahrung zur Ernährung der Menschen verwenden.
Andererseits, wir alle müssten unseren Konsum, insbesondere
unsere Verschwendung fossiler Energien sehr rasch und sehr
radikal reduzieren, um 80 Prozent bis 2030. Zuallererst müssten Methanausstoß und Lachgas-Emissionen runtergefahren
werden. Wir müssten also viel mehr pflanzliche als tierische
Produkte essen, Nutztiere drastisch reduzieren. In nachhaltige
Produkte und Verfahren investieren. Übermäßiges $CO_2$ zumindest anfangs finanziell kompensieren. Schwächeren Gruppen
und Gesellschaften massiv beistehen, überall auf der Welt.

Sieht es danach aus? Wer von Ihnen, welche Familienmit-
glieder, welche Freunde, welche Bekannte und KollegInnen sind
dazu bereit? Jetzt? Wer würde Parteien wählen mit solchen Pro-
grammen, die weit über aktuelle Forderungen der Grünen hin-
ausgehen? Einfach so, weil es vernünftig und langfristig absolut
notwendig wäre?

Kaum jemand? Oder doch, wenn es sein muss?

All das geht im Prinzip ganz gut, denn einige wenige leben
bereits aus freien Stücken genügsam, nachhaltig und umweltverträglich – und glücklicher und damit besser als die Masse. Wir,
zumindest in den reichen Ländern, müssten uns aber mehrheitlich und radikal ändern, in unserem Konsumverhalten, in unserer Ernährung, in unseren Werten und Vorstellungen für ein
gutes Leben. Praktisch von heute auf morgen. Fangen wir also an.

# 2020 BIS 2030 – DAS JAHRZEHNT DER ENTSCHEIDUNG

Artensterben, Klimawandel, Versorgungskrise: Das nächste Jahrzehnt entscheidet. Gelingt es uns, die Beschleunigung der Krisen zu stoppen oder gar Besserung einzuleiten, wirken die Fehler der Vergangenheit noch lange nach. Doch verschaffen wir uns etwas Zeit, haben wir eine Chance, dann können wir lernen, mit den alten Problemen umzugehen, mit neuen Ideen, Wirtschafts- und Sozialsystemen und natürlich auch mit Technik. Können sehen, dass es geht, wenn man wirklich will, können wieder an das Gute glauben, können umschwenken auf mehr Qualität statt Quantität im Leben und in der Welt.

Ich bin überzeugt, dass wir den Kurs der Menschheit fundamental ändern müssen. Agrarwende, Forst- und Fischereiwende, Energiewende, Verkehrswende, Industriewende, Forschungs- und Bildungswende, Wirtschaftswende hin zu Gemeinwohl, Konsumwende hin zu Nachhaltigkeit und sofortiger Schutz und Pflege der Artenvielfalt in riesigen Gebieten, all das müssen wir bald und global hinbekommen, sonst fliegt uns die Biologie unseres Planeten um die Ohren.

Ob die ökologische Wende sozialverträglich funktioniert, ohne Härten für Unschuldige, ohne noch mehr Ausbeutung der Armen? Dafür müssen wir sorgen.

Ob dieser enorme Umbau allmählich und freiwillig funktioniert? Viel Zeit zur Einsicht bleibt uns nicht, und globale Änderungen ohne Geld oder Not wird es kaum geben. Und ein bisschen Geld oder Not reicht wohl auch nicht. Warum das?

Das Problem ist folgendes: Wann und wo immer es den Menschen schlecht ging, ging es den Ärmsten am schlechtesten. Die Reichen und Mächtigen waren und sind oft hauptverantwortlich für die Miseren, hätten sie erkennen und lösen können. Haben sie aber nicht getan und tun sie nicht. Warum auch, wenn sie nicht müssen und sie ihnen viel weniger wehtun als den Armen? Kam es zu Hungersnöten, Seuchen, Revolutionen – wer Geld und Beziehungen hatte, kam besser davon als das gemeine Volk. Diesmal werden sich ein paar Superreiche auf den Mond oder Mars absetzen. Und wir beklatschen sie auch noch für diesen Unfug, viel Vergnügen beim letzten Egotrip!

Mutiger, edler und heldenhafter für Milliardäre und Multimillionäre, für Promis und Potentaten wäre, sich mit all dem vielen Geld und den vielen Möglichkeiten der anbahnenden Misere zu stellen und sie abzuwenden. Ob sich die Reichen und Mächtigen zur nötigen Weltrettung locken lassen, sich an ihrem wahren Vermögen, Gutes tun zu können, erfreuen? Ob sich ohne akute Not genügend Menschen und Geld finden für Sinnvolles, Lebensrettendes? Ich hoffe es, denn sonst kommt es zu Revolten. Ist die Not zu groß, kommt es zu Gewalt. Und instabile Gesellschaften mit unkontrollierter Plünderung aller noch vorhandenen Ressourcen werden die Natur und damit die Zivilisation wohl kaum rechtzeitig retten.

Ich sehe zur Weltrettung also nur zwei Möglichkeiten:

1. Den globalen Sinneswandel. Friedliche ökologische Revolutionen im Rahmen der jeweiligen Gesellschaftsordnungen, getragen von Vernunft und zunehmender

Überzeugung einer breiten Gesellschaftsschicht. Getragen aber auch vom nötigen Geld, vom Unternehmertum, vom politischen Willen, von den Medien, Meinungsmachern und von breiten Bevölkerungsschichten. Nicht nur die Haltung hin zur Nachhaltigkeit, auch die Emotionen müssten sich ändern: Nicht Geiz ist geil, sondern Umweltverträglichkeit. Nicht Geld per se ist erstrebenswert, sondern Gestaltungsmöglichkeiten. Nicht Zwangsmaßnahmen sind der Weg, sondern Forschung, Aufklärung und freiwillige Annahme von Verantwortung. Es sollte chic werden, richtig viel Geld für gute Zwecke zu investieren, mit oder ohne monetärer Rendite.

Warum nicht einfach eine saftige Ökosozialzwangsabgabe an den Staat für die Wende? Wenn es der Mehrheitswille ist, gern! Wenn sich alle nach Kräften und nach dem Verursacherprinzip beteiligen, bestens! Wenn das viele Geld effektiv zur nachhaltigen Verbesserung der Erde eingesetzt wird, ein Traum! Dabei muss die Würde des Menschen genauso unantastbar bleiben wie das Recht der Natur zu überleben.

2. Krasse globale Krisen und Zusammenbruch der Wirtschafts- und Ordnungssysteme mit möglichem Aufstieg lebensfreundlicherer Gesellschaften aus der Asche. Sehen Sie die Risiken und Verluste?

Wie gesagt, beides müsste wohl noch vor 2030 passieren, um der Biokalypse ein Schnippchen zu schlagen. Ändert sich nichts, war's das sowieso mit uns allen.

## Können Schweine fliegen lernen?

Müssen sie wohl. Ansätze dazu gibt es. Wer hätte vor ein paar Jahren gedacht, dass Themen wie Insektensterben oder Sommerdürre die Schlagzeilen beherrschen? Dass Aldi-Süd $CO_2$-neutral handelt und weniger in Wirtschaftskreisen erstrebenswert erscheint? Dass Solarzellen günstigeren Strom als Kernkraftwerke oder Kohle produzieren? Oft muss einfach nur das Nötige getan werden. So forstet China massiv auf, hat stinkende Zweitakter aus den Städten verbannt und hat einen Plan zur Reduktion fossiler Energieträger. Da geht freilich noch viel mehr. Aller Anfang ist schwer, doch dazu gibt es ja Vorbilder, Trendsetter: Schweden führt ein Anreizsystem für sparsame Verkehrsmittel ein; Irland steigt aus Investments in fossile Energien aus; in Bayern wird ein Artenschutzzentrum gebaut und es startet ein Volksbegehren Artenvielfalt für 30 Prozent Biolandwirtschaft. Und Anne Will diskutiert nicht nur über die Dürrekrise, sondern auch über unser Verhalten, das wir ändern müssten, wollten wir eine Heißzeit vermeiden. Ob die neue Klage auf besseren Klimaschutz durch die EU hilft? Ob bald auch Klagen für eine lebens- und leistungsfähige Natur als unmittelbare Lebensgrundlage geführt werden? Ob Maßnahmen schnell und wirksam genug kämen, um die biologische Krise als den ersten und kräftigsten apokalyptischen Reiter so abzumildern, dass wir das ganze Schlamassel mit einem blauen Auge überstehen?

Wir müssen eine Lawine aus Nachhaltigkeit lostreten, überall, auf allen Ebenen: Das eigene Verhalten ändern, Gemeinwohlgedanken fördern, externe Kosten einpreisen und nach Verursacherprinzip ausgleichen, die Überfischung in den Griff bekommen, den Rodungsstopp in den Tropen bewerkstelligen, riesige Schutzgebiete einrichten, betroffene Branchen, Regionen, Länder und Völker kompensieren und bestmöglich einbinden.

Zum Kleckern fehlt die Zeit. Wenn wir die Welt und unsere Zivilisation halbwegs funktionsfähig erhalten wollen, müssen wir gleichsam einen ökosozialen Tsunami reiten. Aus den gewohnten Denkmustern ausbrechen, vielerlei Ideen haben und die besten davon auch umsetzen.

Etwas Mut schadet dabei nicht:

Drei junge Leute aus München bauten in ihrer Garage ein mit Solarzellen betriebenes Auto, den Sono Sion. Der geräumige Familienflitzer soll demnächst für 16.000 Euro (plus Batterie) verkauft werden; das Ding kostet also nur die Hälfte vergleichbarer Elektroautos ohne Solarzellen. Sie schafften etwas in wenigen Jahren, was die deutsche Leitindustrie, die Automobilbranche mit Zehntausenden von Ingenieuren und mit Billionenwerten im Hintergrund in Jahrzehnten nicht schafften – oder schaffen wollten. Die Herstellung wird demnächst auch noch $CO_2$-kompensiert. Geht doch!

Was wohl noch alles möglich wird, wenn wir alle wollen? Ungewöhnlichen Ideen und konstruktiven Menschen eine Chance geben, sie nach Kräften unterstützen? Nicht nur in der Technik.

Sie können meine Analysen, Meinungen und Prognosen ja über die Jahre mit den wirklichen Entwicklungen vergleichen und hoffentlich feststellen, dass wir Menschen lernfähig sind und uns nicht mit jeder weiteren Entscheidung weiter in Richtung Abgrund manövrieren.

# Happy End?

Dieses Buch begann mit einem verhungernden Hund, handelte von sterbender Natur und wie wenig Zeit uns und unseren Kindern in unserem Wohlstand wohl bleibt. Es gibt schönere Themen als Palliativbiologie, aber aus meiner Sicht kaum wichtigere.

Fürchten Sie den Tod? Ich ja. Ich habe meinen geliebten, lusti-
gen, weit gereisten Opa in die Demenz und beim Sterben beglei-
tet. Ich bin in Hypnose aus Interesse durch meinen eigenen Tod
gegangen. Das fühlte sich verdammt echt an! Ich wollte doch
noch so viel erleben und erreichen. Das Schlimmste war, meine
Lieben loszulassen, allein gehen zu müssen. Eine Woche später
erzählten mir Ärzte von ihrem Verdacht, ich hätte Metastasen
in den Lymphknoten und der Lunge. Kein schöner Gedanke,
womöglich sehr bald wirklich abtreten zu müssen. Bis die Entwarnung kam, blieb ich aber erstaunlich gelassen, hatte Hoffnung und kannte das Sich-irgendwann-verabschieden-Müssen
ja schon.

Von unserer Natur, von der Zukunft meiner Kinder will und
werde ich mich allerdings nicht gelassen verabschieden! Es wird
keine Entwarnung kommen, und ich will und werde kämpfen,
mich weiter am Leben freuen, aber auch das tun, was ich kann,
um das drohende Schicksal zu verhindern!

Und das wünsche ich mir von uns allen! Seien Sie sich
bewusst, wie miserabel es um die Natur schon steht und wie
sich der tödliche Trend weiter verschärft. Alles Bisherige reichte
nicht annähernd, wir brauchen ökosoziale Umbrüche, in allen
Bereichen, whatever it takes. Tun Sie das Richtige, kämpfen Sie
für das Gute, für eine Zukunft von Mensch und Natur! Seien Sie
zuversichtlich, und stecken Sie andere mit Ihrem Engagement
an! Noch ist es nicht zu spät, hoffe ich jedenfalls.

# NACHWORT

Riesige Staubfahnen der Erntemaschinen auf ausgedörrten Äckern, massenhaft tote Fische in badewannenwarmen Binnengewässern, ausgetrocknete Flusslandschaften: Wer hat die Bilder nicht in Erinnerung? Der Dürresommer 2018 hinterließ tiefe Eindrücke. Auch in der Natur: Die Forstarbeiter kommen mit dem Markieren und Fällen dürregeschädigter und von Borkenkäfern infizierter Fichten gar nicht hinterher. Vielerorts warfen Laubbäume ihr Laub ab, ein Überlebensrezept unter Trockenheitsstress.

Ein ungewohnter Anblick, der zukünftig zum Normalfall werden könnte. So lange, bis die heimischen Laubbäume erschöpft sind, für Wind und Wetter, für Krankheiten und Parasiten anfällig werden und schließlich absterben. So weit, so schlecht. Wirklich bemerkenswert fand ich aber eine Nachricht aus der Schweiz: Anfang August mussten dort Waldwege gesperrt werden, weil die Rotbuchen nicht nur Blätter abwarfen, sondern Äste. Ja, Sie haben richtig gelesen: In ihrer Not warfen die häufigsten Bäume der Schweiz ganze Äste ab! Gespenstisch, finden Sie nicht?

Dann brannte nach einem Raketentest der Bundeswehr ein Moor in Niedersachsen – mit einer bis zu 100 Kilometer langen Rauchfahne und einem $CO_2$-Ausstoß von einer halben Million Tonnen (!) in nur zwei Wochen. Obwohl es geregnet hatte und reichlich Feuerwehr vor Ort gewesen war, waren die Löschversuche lange vergeblich geblieben. Warum? Weil das Moor, wie üblich, tiefgründig entwässert worden und der Sommer arg trocken gewesen war, brannte und schwelte es in der torfigen Tiefe einfach weiter.

Die Fehler der Vergangenheit holen uns ein: Wie hilflos werden wir erst sein, wenn es immer heißer und trockener wird und die Torfböden und Wälder immer großflächiger und weltweit zu brennen beginnen?

Wie wollen Sie in einigen Jahrzehnten leben? Gesund, zufrieden, gar nicht so viel bescheidener als heute, aber im Einklang mit der Natur und den vielen anderen Menschen? Wäre das ein gutes Leben, für das es sich jetzt zu ändern, zu kämpfen und erst mal auch zu investieren lohnt? Oder möchten Sie weitermachen wie bisher? Doch halt, dann gäbe es Sie und Ihre Lieben ja vermutlich gar nicht mehr! Sollen das die letzten Worte sein?

»Mama, Papa, warum habt ihr nichts gegen das
große Sterben getan, als ihr noch konntet?«

*Dr. Giesela Krupski, München*

# DANKSAGUNG

Herzlichen Dank meiner Familie für ihr Verständnis, dass ich schon wieder an einem zusätzlichen wichtigen Projekt arbeiten musste; meiner Arbeitsgruppe, den KollegInnen in ZSM und LMU, insbesondere Dr. Vreni Häussermann, Dr. Katharina Jörger, Dr. Timea Neusser, Dr. Andreas Segerer, Prof. Dr. Roland Melzer und Prof. Dr. Gerhard Haszprunar für fachlichen Austausch, Ermutigung und Ideen; Nikolaus Teixera, Dr. Maiken Winter und all den anderen MitstreiterInnen im Volksbegehren Artenvielfalt; vielen verantwortungsbewussten Menschen bei den Medien für interessante Gespräche; Prof. Dr. Bill Ripple für die Erlaubnis, Bilder und Cartoons zu verwenden; Herbert Lenz für seinen YouTube-Kanal »Zukunft Erde«; Frau Verena Schörner und dem Verlag für die freundliche Unterstützung und Julia Feldbaum für den letzten Schliff.

# ÜBER DEN AUTOR

Prof. Dr. Michael Schrödl leitet die Weichtiersektion der Zoologischen Staatssammlung München, lehrt Artenvielfalt, Meereskunde und zoologische Systematik am Biozentrum der Ludwig-Maximilians-Universität München und ist Mitglied im GeoBioCenter der LMU. Er lernte auf seinen Forschungsreisen die Kontinente und Ozeane kennen und ist Autor und Editor vieler Fachpublikationen. Dieses Buch über das Artensterben ist eine unmissverständliche Warnung vor der globalen biologischen Krise, die in der breiten Öffentlichkeit noch völlig unterschätzt wird. Er schrieb es aus tiefster Überzeugung und dem Bedürfnis heraus, das Wohl der Natur und der Menschen nachhaltig zu bewahren – in seiner Freizeit und als Privatmann. Seine hier geäußerte Meinung ist rein persönlich, sie ist vereinfacht, emotional und zugespitzt und spiegelt nicht notwendigerweise die der Institutionen wieder.

**Bitte unterstützen Sie die Online-Petition für Artenforschung und gegen das Artensterben: www.change.org/artensterben.**

Aktuelle Informationen zu Aktivitäten des Autors und Spendenkonten für Artenforschung finden Sie auf: www.biodiversitot.de.

# QUELLEN- UND LITERATURHINWEISE

Bundesamt für Naturschutz. Daten zur Natur 2016

Dohrn, S.: Das Ende der Natur: Die Landwirtschaft und das stille Sterben vor unserer Haustür. Ch. Links Verlag 2017

Emmott, S.: 10 Milliarden. Suhrkamp 2013

Gonstalla, E.: Das Ozean Buch. Über die Bedrohung der Meere. Oekom 2017

Hallmann, C. A. und Kollegen: More than 75 percent decline over 27 years in total flying insect biomass in protected areas. 2017. PLoS ONE 12(10): e0185809. (Die »Krefelder Studie«)

Haslberger, A. und Segerer, A. H.: Systematische, revidierte und kommentierte Checkliste der Schmetterlinge Bayerns (Insecta: Lepidoptera). Mitteilungen der Münchener Entomologischen Gesellschaft 2016. 106 Suppl

Latif, M.: Das Ende der Ozeane. Warum wir ohne die Meere nicht überleben werden. Herder 2014

Lenz, H.: Zur Hölle mit uns Menschen: Warum wir mehr Verbote und ein neues Denken brauchen. Eine Streitschrift für eine UNION ERDE. Komplett-Media 2017

Lesch, H. und Kamphausen, K.: Die Menschheit schafft sich ab. Die Erde im Griff des Anthropozän. Komplett-Media 2016

Reichholf, J. H.: Ende der Artenvielfalt? Gefährdung und Vernichtung von Biodiversität. Fischer Taschenbuch 2008

Ripple, W. J., Wolf, C., Newsome, T. M., Galetti, M., Alamgir, M., Crist, E., ... & 15,364 scientist signatories from 184 countries. World scientists' warning to humanity: A second notice. BioScience 2017, 67(12), 1026-1028

Schrödl, M. und Häussermann, V.: Biodiversitot. Die globale Artenvielfalt jetzt entdecken, erforschen und erhalten: Unterstützen Sie unsere Taxonomie-Offensive zur Rettung der Tierwelt! Books on Demand 2017

Segerer, A. H. und Rosenkranz, E: Das große Insektensterben. Oekom 2018

Weber, E.: Biodiversität – Warum wir ohne Vielfalt nicht leben können. Springer 2018

Weber, E.: Welt am Abgrund. Theiss 2018

www.bfn.de

www.biodiversitot.de

www.greenpeace.de

www.regenwald.org

www.wwf.de

www.umweltbundesamt.de